Die

Gleichstrom-Dynamomaschine.

Die
Gleichstrom-Dynamomaschine.

Ihre Wirkungsweise und Vorausbestimmung.

Von

Waldemar Fritsche,

Ingenieur und Fabrikant.

Mit 105 in den Text gedruckten Abbildungen.

Berlin.
Verlag von Julius Springer.
1889.

ISBN-13: 978-3-642-89718-4   e-ISBN-13: 978-3-642-91575-8
DOI: 10.1007/978-3-642-91575-8
Softcover reprint of the hardcover 1st edition 1889

Vorwort.

In vorliegendem Buche übergebe ich das Ergebniss einer Reihe practischer Arbeiten und theoretischer Untersuchungen über Dynamomaschinen, zu einem geschlossenen Ganzen zusammengestellt, der Oeffentlichkeit.

Ich habe in derselben die Gleichstrom-Dynamomaschinen in ihrer Wirkungsweise nach einer neuen Anschauung erklärt und eine Theorie derselben, die in letzter Linie die Vorausbestimmung aller Gleichstrom-Dynamomaschinen ermöglicht, aufgestellt.

Die Thatsache, dass ich bei Begründung meiner Firma Fritsche & Pischon den Dynamomaschinenbau nicht durch kostspielige und zeitraubende Versuche einleiten konnte, und doch die zwingende Nothwendigkeit vorlag, alles Material neu zu beschaffen, veranlasste mich auf Grund meiner im Laufe der Jahre gesammelten Erfahrungen im Maschinenbau die Dynamomaschinen von einem anderen, vom bisherigen abweichenden, Standpunkte aus zu betrachten. Mein Bestreben ging dahin, die Möglichkeit zu schaffen, die Leistung und Grösse einer Dynamomaschine vorauszubestimmen.

Beim Erforschen der Ursachen, welche die Wirkung einer Dynamomaschine bestimmen, findet man, dass die elektrischen Leistungen einer Dynamomaschine nur durch Bewegungen entstehen, nämlich durch Bewegung von Leitern im magnetischen Felde, dessen Eigenschaften wiederum auf die Bewegung der magnetischen Ströme zurückzuführen sind.

Nur diese beiden Bewegungen sind für den Effect, die Umwandlung der mechanischen Arbeit in elektrische Arbeit, massgebend.

Um den Zusammenhang zu erklären, der diesem, durch zwei Bewegungen erzielten Effect zu Grunde liegt, habe ich nach den Grundsätzen der Phoronomie, bezw. der mechanischen Bewegungslehre, eine Erklärung der Vorgänge in einer Dynamomaschine gegeben.

Meine Theorie beruht auf der Ampère'schen Auffassung über das Wesen des Magnetismus und auf den Sätzen der mechanischen Bewegungslehre. Durch diese Theorie hat sich die practische und theoretische Bestimmung der constructiven Einzelheiten der Dynamomaschinen von selbst ergeben.

Die Erledigung der Aufgabe: eine Erklärung der Wirkungsweise und eine Vorausbestimmung der Leistung einer Dynamomaschine zu geben, hat mich veranlasst, den durch die 12 einzelnen Capitel dieses Buches bezeichneten Ideengang zu verfolgen.

Es war dabei mein Hauptbestreben, über meine Theorie möglichste Klarheit zu schaffen, und deshalb nur das zu geben, was zum theoretischen und practischen Aufbau einer Dynamomaschine erforderlich ist.

Dieses Buch enthält keine Angaben über die Grössen sowie Beschreibungen der einzelnen Theile der verschiedenen Dynamomaschinen-Systeme.

Wenn ich die vorliegende Arbeit der Oeffentlichkeit übergebe, so geschieht es in der Hoffnung, dass die darin gegebene Anschauungs- und Erklärungsweise über die Vorgänge in der Dynamomaschine Veranlassung sein wird für einen weiteren gedeihlichen theoretischen und practischen Ausbau der angewandten Elektricitätslehre.

Ich habe schliesslich noch der Thätigkeit des Herren W. Vollbrecht, Ingenieur meiner Firma Fritsche & Pischon zu gedenken, welcher meine umfangreichen Untersuchungen mit mir gemeinschaftlich in Form dieses Buches geordnet und zusammengestellt hat.

Berlin, Januar 1889.

W. Fritsche.

Inhalt.

Seite

Capitel I. Physikalische Betrachtung über das magnetische Feld und die inducirende Wirkung desselben auf darin sich bewegende Leiter 1
    Entstehung der elektromotorischen Kraft durch Bewegung, Abhängigkeitsgesetz. — Regel für die Richtung der elektromotorischen Kraft mit Bezug auf die Kreisstromrichtung.

Capitel II. Das absolute Maass und die practischen Maasseinheiten 10
    Die elektromotorische Kraft in ihrer Abhängigkeit vom Producte zweier Geschwindigkeiten. — Die Stromstärke und der elektrische Widerstand als Geschwindigkeiten.

Capitel III. Grundbedingungen für die Entstehung von Gleichströmen in Folge der in Leitern inducirten elektromotorischen Kräfte 13
    Die Faraday'sche Scheibe, das Element des practischen Dynamomaschinenankers. — Das Verzweigungs- oder Schaltungsschema der Ankerwicklungen. — Characteristik aller Ankerwicklungen. — Schaltungsschema der Paccinotti-Gramme'schen Ringankerwicklung. — Schaltungsschema der v. Hefner-Alteneck'schen Trommelankerwicklung. — Schaltungsschema der Wellenwicklung, Patent Fritsche.

Capitel IV. Einrichtungen für den Uebergang der im inneren Stromkreise inducirten Gleichströme auf den äusseren Stromkreis 25
    Anordnung der Commutatoren oder Stromsammler.

Capitel V. Practische Anordnung des magnetischen Feldes der Dynamomaschinen 30
    Der Hufeisenelektromagnet. — Formen der Ankerkerne. — Gestell der Edison-Hopkinson-Maschine. — Gestell der Maschine von Siemens & Halske Mod. H, altes Modell der Maschine von Siemens & Halske. — Gestell der Mather & Platt-Maschine. — Gestell der Kapp-Maschine. — Gestell der vielpoligen Cylindermaschine von Fritsche & Pischon. — Gestell der Flachring-Maschine (Schuckert). — Gestell der Gramme'schen Maschine. — Gestell der Innen-

polmaschine von Siemens & Halske. — Gestell der Scheibenmaschinen. — Erklärung der Foucault'schen Ströme im
Ankereisen.

Capitel VI. Die practischen Ankerwicklungen 43
Die Wicklungen der zweipoligen Anker. — Die Wicklung
der sogenannten vielpoligen Anker, die Wicklungen der
wirklichen vielpoligen Anker. — Schematische Darstellung
dieser Wicklungen. — Die Frick'sche Wicklung für Scheiben-
Anker, die Wellenwicklung Patent Fritsche für Radanker.

Capitel VII. Bestimmung der wirksamen Ankerdrahtlänge
bei den practischen Ankerwicklungen 57
Graphische Darstellung des Anwachsens der elektromotorischen Kraft. — Die Bürstenstellung.

Capitel VIII. Classification der Gleichstrom-Dynamomaschinen 63
Die Maschinen mit directer Wicklung (Serien- oder Hauptstrommaschinen). — Die Nebenschlussmaschinen. — Die Maschinen mit gemischter Wicklung. — Compound- oder Gleichspannungsmaschinen.

Capitel IX. Theorie des Magnetismus 71
Bestimmen der Kreisstromgeschwindigkeit im Eisenkörper,
Kurve des Magnetismus. — Kurve der magnetischen Anziehungs-
kraft.

Capitel X. Bestimmung der Kreisstromgeschwindigkeit
während des Uebertrittes durch die Luft. 78
Entwicklung. — Graphische Darstellung des Gesetzes für
die Abnahme der Kreisstromgeschwindigkeit in der Umgebung
des Eisenkörpers.

Capitel XI. Anwendung der Theorie des Magnetismus auf
die Bestimmung der Leistung von Dynamomaschinen . 82
Bestimmung der Gegenwirkung des Ankers. — Gleichung
für die elektromotorische Kraft der Hauptstrom-Dynamomaschinen. — Gleichung der elektromotorischen Kraft der Neben-
schluss-Dynamomaschinen. — Gleichung der elektromotorischen
Kraft der Compound- oder Gleichspannungs-Dynamomaschinen.

Capitel XII. Practische Beispiele. 89
Bezeichnungen für die bei der Rechnung verwendeten
Grössen. — Nebenschluss-Innenpolmaschine von Siemens &
Halske. — Compoundmaschine von Mather & Platt. —
Compoundmaschine von Lahmeyer. — Nebenschlussmaschine
von Edison & Hopkinson.

Capitel I.

Physikalische Betrachtung über das magnetische Feld und die inducirende Wirkung desselben auf darin sich bewegende Leiter.

Die Umgebung eines magnetischen Körpers, soweit er in derselben noch Aussenwirkungen ausübt, heisst sein magnetisches Feld. Die Grösse der Kraftäusserungen an irgend einer Stelle eines magnetischen Feldes bestimmt seine Intensität, welche man gewöhnlich durch Angabe von Zahl und Richtung der sogenannten Kraftlinien auszudrücken pflegt.

Um die charakteristischen Kraftäusserungen eines magnetischen Feldes zu erklären, denkt man dasselbe durchzogen von Bahnen von Punkten, die sich in Richtung der auf sie wirkenden Kraft fortbewegen. Man misst dann die Intensität des magnetischen Feldes, und zwar direct in absoluten Einheiten, indem man die Anzahl dieser Bahnen oder Kraftlinien angiebt.

Je grösser die Anzahl solcher Kraftlinien ist, d. h. je mehr auf die Flächeneinheit des Magneten zu rechnen sind, desto stärker ist das magnetische Feld.

Man hat sich daran gewöhnt, bei der theoretischen Betrachtung aller magnetischen bezw. elektrischen Inductionserscheinungen die Kraftlinientheorie zu Grunde zu legen.

Bei der Lösung der Aufgabe, die sich der Verfasser für das vorliegende Werk gestellt hat, ist diese Anschauungsweise von vornherein verlassen und zwar aus dem Grunde, um ein Einleben in seine neue Theorie der magnetischen Aussenwirkungen und die darauf beruhende Theorie der Dynamomaschinen schon eingangs vorzubereiten.

Nach Ampère's Theorie können wir einen Elektromagneten und natürlich auch einen permanenten Magneten durch Flächen ersetzen, welche von lauter unendlich kleinen Kreisströmen erfüllt sind.

Capitel I.

Für die folgenden Betrachtungen denken wir uns einen Magneten nicht aus einem Bündel von Kraftlinien bestehend (Fig. 1), sondern wir ersetzen ihn durch von unendlich vielen Kreisströmen erfüllte Flächen. Diese Kreisströme (Fig. 2), welche den ganzen magnetischen Körper erfüllen, bewegen sich in unendlich dünnen Spiralen parallel der Axe des Magneten mit einer gewissen Geschwindigkeit.

Statt nun die charakteristischen Eigenschaften des Magneten durch Kraftlinien zu erklären, wollen wir dieselben auf diese Kreisströme und deren Geschwindigkeit zurückführen.

Die Intensität des magnetischen Feldes bestimmen wir demgemäss durch die Geschwindigkeit der unendlich kleinen Kreisströme,

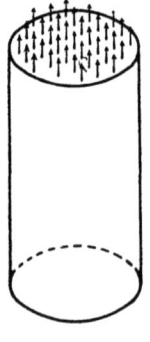

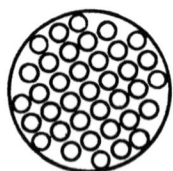

Fig. 1.   Fig. 2.

welche den das magnetische Feld erzeugenden Magneten erfüllen und stellen folgenden Satz auf:

Je grösser die Geschwindigkeit der einzelnen Kreisströme ist, desto grösser ist die Intensität des magnetischen Feldes.

Die Richtung, welche die Geschwindigkeit der Kreisströme hat, ergiebt sich ohne weiteres nach der Ampère'schen Theorie des Elektromagnetismus. Ampère ersetzt einen magnetischen Südpol durch einen elektrischen Strom, der in der Richtung der Zeigerbewegung der Uhr verläuft, einen Nordpol durch einen in entgegengesetzter Richtung verlaufenden Strom. Mithin haben die für den Magnetismus eingesetzten unendlich kleinen Kreisströme dieselbe Richtung (siehe Fig. 3 und 4).

Physikalische Betrachtung über das magnetische Feld etc.   3

Einen unendlich kleinen Kreisstrom können wir statt rund auch quadratisch, rechteckig oder beliebig begrenzt denken, z. B. wie in Fig. 5 und 6 angedeutet.

Für die weiteren Betrachtungen über das magnetische Feld und die Ableitung einiger für die Inductionswirkung desselben auf darin bewegte Leiter massgebender Gesetze wollen wir stets einen qua-

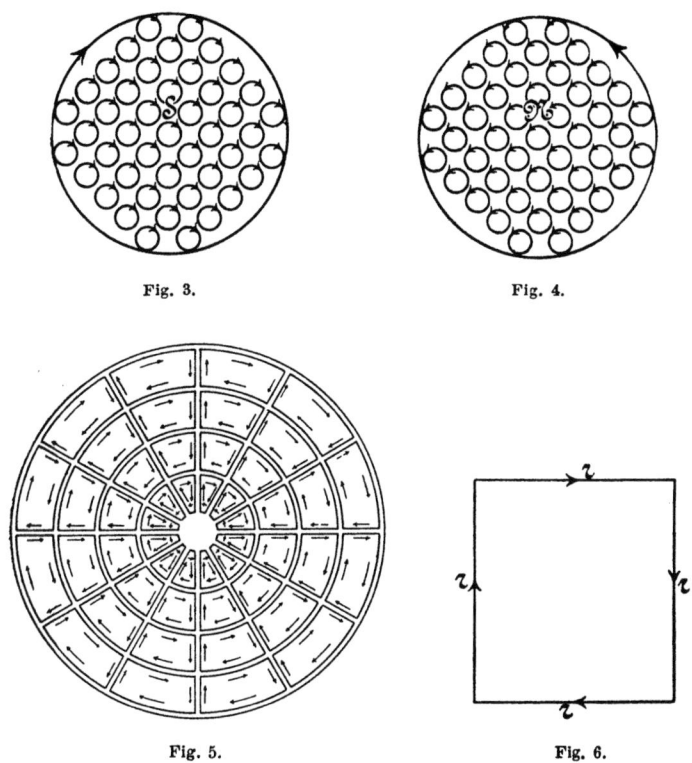

Fig. 3.   Fig. 4.

Fig. 5.   Fig. 6.

dratischen unendlich kleinen Kreisstrom von der Geschwindigkeit r betrachten. (Fig. 6.) Die Geschwindigkeit eines unendlich kleinen Kreisstromes können wir an allen Punkten als constant ansehen und dasselbe auch für sämmtliche unendlich kleine Kreisströme, welche den Magneten erfüllen, voraussetzen.

Treten diese unendlich kleinen Kreisströme, unendlich feine Spiralen bildend, aus dem Magneten mit constanter

1*

4 Capitel I.

Geschwindigkeit heraus, so haben wir ein homogenes magnetisches Feld um den Magneten.

In der Praxis wird ein magnetisches Feld nie durch einen Magnetpol allein gebildet, sondern mindestens durch zwei ungleichnamige Pole, wie Fig. 7 und 8 zeigen. Wenn zwei ungleichnamige Pole wie in Fig. 7 einander gegenüberstehen, nehmen wir an, dass vom Nordpol die unendlich kleinen Kreisströme in ebenso dünnen Spiralen zum Südpol mit constanter Geschwindigkeit übertreten, dass also das magnetische Feld ein homogenes ist. Ein solches praktisches magnetisches Feld können wir uns bei der Betrachtung seiner Kraftäusserungen repräsentirt denken: durch einen unendlich kleinen Kreisstrom, der von einem Pol zum andern übergeht.

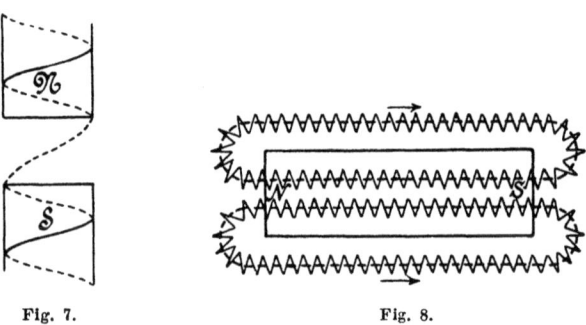

Fig. 7.   Fig. 8.

Befindet sich im zweipoligen magnetischen Felde ein Leiter zunächst in Ruhe, so treten von einem Pol zum anderen die unendlich kleinen Kreisströme durch denselben über, es sind mithin auch im Leiter unendlich kleine Kreisströme vorhanden, welche gleiche Geschwindigkeit und Richtung haben, wie in den Magnetpolen.

Charakteristische Erscheinungen treten in dem Leiter erst dann auf, sobald derselbe aus der Ruhelage gebracht und durch das magnetische Feld bewegt wird.

Es werden, wie die Erfahrung gezeigt hat, in dem Leiter bei seiner Bewegung durch ein magnetisches Feld, d. h. wenn dieselbe unter gewissen gleich näher zu erörternden Verhältnissen erfolgt, elektromotorische Kräfte inducirt.

Diese elektromotorischen Kräfte können wir wie folgt auf die inducirenden Kreisströme zurückführen.

Physikalische Betrachtung über das magnetische Feld etc.

Ein unendlich kleiner Kreisstrom von der Geschwindigkeit r, welcher solange der Leiter ruht in voller Stärke auf denselben übergeht, wird, sobald der Leiter sich selbst mit einer bestimmten Geschwindigkeit v bewegt, durch diese beeinflusst.

Betrachten wir den unendlich kleinen Kreisstrom in dem Leiter, wenn der letztere bewegt wird, so finden wir, dass durch die Bewegung des Leiters in Richtung des Pfeiles mit der Geschwindigkeit v, zur ursprünglichen Geschwindigkeit r die Geschwindigkeit des Leiters also v sich addirt, bezw. subtrahirt; siehe Fig. 9.

Die Addition findet jedoch nur in dem Theile c d des Kreisstromes statt, wo beide Geschwindigkeiten gleiche Richtung haben, in dem anderen Theile a b des Kreisstromes findet keine Addi-

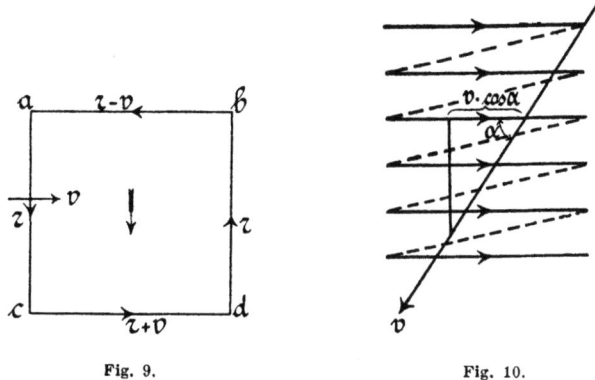

Fig. 9.   Fig. 10.

tion der Geschwindigkeiten r und v statt, sondern es kommt deren Differenz r—v in Frage, denn die Geschwindigkeit, mit welcher der Leiter bewegt wird, wirkt der Geschwindigkeit r des Kreisstromes entgegen.

Die herrschenden Unterschiede in der Geschwindigkeit in einem auf den Leiter übergetretenen unendlich kleinen Kreisstrome fassen wir als Grund für die in demselben beobachteten elektromotorischen Kräfte auf.

Die eine elektromotorische Kraft entspricht der Geschwindigkeit r + v, die andere der Geschwindigkeit r—v.

Die Erfahrung lehrt nun, dass nicht in jedem Falle in einem durch ein magnetisches Feld bewegten Leiter eine Differenz der elektromotorischen Kräfte erzielt wird, sondern es gelten hier gewisse Beschränkungen.

Es hängt nämlich die Inductionswirkung der Kreisströme auf bewegte Leiter davon ab, in welcher Richtung die Bewegung des letzteren gegen die Richtung der Kreisströme erfolgt.

Wird ein Leiter parallel zur Kreisstromfläche bewegt, so ist die Beeinflussung der Geschwindigkeiten am grössten, sie addirt bezw. subtrahirt sich direct; ist dagegen die Bewegung des Leiters normal zur Kreisstromfläche, so entsteht keine Beeinflussung der Geschwindigkeiten. Bei dazwischen liegenden Bewegungsrichtungen (Fig. 10) kommt für die resultirenden Geschwindigkeiten der Cosinus des Winkels, welchen die Bewegungsrichtungen einschliessen, in Betracht.

Ein Grundgesetz, welches die besprochenen Erscheinungen präcisirt, lautet in allgemeinster Fassung demgemäss wie folgt:

Bewegt sich ein Leiter in einem magnetischen Felde, so entsteht in demselben eine elektromotorische Kraft, sofern die Bewegungsrichtung desselben und die Richtung der unendlich kleinen Kreisströme nicht normal zu einander stehen.

Dieser Grundsatz findet eine Ergänzung durch ein Gesetz über die Grösse der in einem magnetischen Felde inducirten elektromotorischen Kraft.

Für die Grösse einer inducirten elektromotorischen Kraft ist, wie wir bereits gesehen haben, einmal die Geschwindigkeit der Kreisströme r, ferner die Geschwindigkeit v, mit welcher der Leiter bewegt wird, massgebend.

Beziehen wir nun unsere obigen Erwägungen auf einen körperlichen Leiter und auf ein magnetisches Feld endlicher Ausdehnung, so können wir eine Formel, nach welcher sich die Grösse der Inductionswirkung bestimmt, aufstellen.

Wie aus der Bewegungslehre bekannt, entspricht jeder Geschwindigkeit c eine gewisse Druckhöhe, es besteht die Gleichung: $c^2 = 2 \, g \, h$, worin g die Beschleunigung der Schwere ist.

Um nun eine in dem bewegten Leiter erzeugte elektromotorische Kraft auf ihre Ursache, die Geschwindigkeiten r und v, zurückzuführen und einen mathematischen Ausdruck für dieselben zu finden, können wir nach Analogie der Mechanik dieselbe auffassen:

als das Product aus einer Druckhöhe h und 2 mal Beschleunigung der Schwere: $E = 2\,gh = c^2,$

Physikalische Betrachtung über das magnetische Feld etc. 7

demnach haben wir bei der Bewegung des Leiters durch ein magnetisches Feld, wo sich die beiden Geschwindigkeiten $r + v$ und $r - v$ ergeben, einmal die elektromotorische Kraft:
$$E_1 = 2\,g\,h_1 = (r + v)^2$$
und das andere Mal
$$E_2 = 2\,g\,h_2 = (r - v)^2.$$

Bei einem magnetischen Felde endlicher Ausdehnung, zum Beispiel von ein Quadratcentimeter Querschnitt, werden die aufeinander folgenden Punkte eines Leiters (Fig. 11) den inducirenden Wirkungen der unendlich kleinen Kreisströme ausgesetzt sein. Die

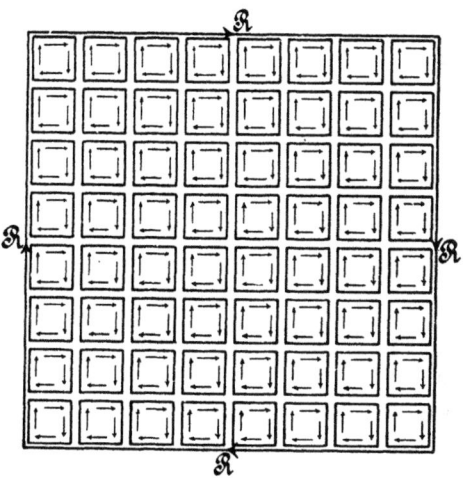

Fig. 11.

Gesammtwirkung können wir also so auffassen, als wenn der Leiter unter dem Einfluss eines die Fläche von ein Quadratcentimeter umlaufenden Kreisstromes von der Geschwindigkeit R steht. Wird der Leiter mit der Geschwindigkeit v in dem ein Quadratcentimeter grossen magnetischen Felde bewegt, so entsteht zwischen zwei um ein Centimeter von einander entfernt liegenden Punkten desselben die Differenz der elektromotorischen Kräfte:
$$E_1 - E_2 = 2\,g\,(h_1 - h_2) = (R + v)^2 - (R - v)^2 = 4\,R\,v.$$

Der erste Factor $4\,R$ bezieht sich lediglich auf die Intensität des magnetischen Feldes, die Gleichung besagt also, dass die elektromotorische Kraft proportional ist:

der Intensität des magnetischen Feldes und der Geschwindigkeit des bewegten Leiters. Die in einem Leiter von der Länge eines Centimeters inducirte elektromotorische Kraft ist mithin:

$$E = 4\,R\,.\,v\,.\,1.$$

Bewegen wir durch ein grösseres magnetisches Feld einen Leiter von der Länge L, so ist $E = 4\,R\,.\,v\,.\,L,$

was ohne weiteres aus der Betrachtung der Fig. 12 hervorgeht, wonach sich die elektromotorische Kraft mit Zunahme der Länge des Leiters addirt.

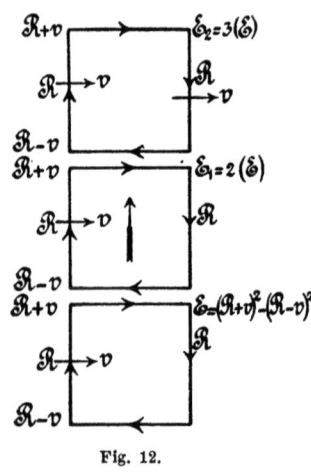

Fig. 12.

Bildet ein Leiter mit seiner Bewegungsrichtung einen anderen Winkel als 90°, so kommt nicht seine ganze Länge, sondern nur das Product aus Länge und dem Sinus des Neigungswinkels in Rechnung.

Die Grösse der in einem Leiter von der Länge L, welcher sich mit der Geschwindigkeit v durch ein magnetisches Feld, dessen Kreisstromgeschwindigkeit R ist, bewegt, erzeugten elektromotorischen Kraft ist proportional: der Geschwindigkeit R der Kreisströme, der Geschwindigkeit v, der Bewegung, dem Cosinus des Winkels α, welchen die Bewegungsrichtung der Kreisströme mit der Bewegungsrichtung des Leiters einschliesst, und dem Sinus des Winkels β; welchen der Leiter mit seiner Bewegungsrichtung einschliesst.

$$E = 4\,R\,.\,v\,.\,\cos\alpha\,.\,L\,.\,\sin\beta.$$

Für alle practischen Fälle lautet dieses Gesetz einfach:

$$E = 4\,.\,R\,.\,v\,.\,L\,.\,\sin\beta,$$

weil in der Praxis ein Leiter stets parallel zur Richtung der Kreisstromfläche durch ein magnetisches Feld bewegt wird, also $\cos\alpha = 1$ ist.

Eine Regel für die Zunahme der elektromotorischen Kraft ergiebt sich aus den vorhergehenden Erwägungen von selbst.

Physikalische Betrachtung über das magnetische Feld etc.

Verläuft die Richtung der unendlich kleinen Kreisströme mit der Zeigerbewegung der Uhr und wird der Leiter von links nach rechts bewegt, so nimmt die elektromotorische Kraft von unten nach oben zu (Fig. 13). Kommt wie in Fig. 14 der Leiter von rechts nach links, so wächst die elektromotorische Kraft von oben nach unten.

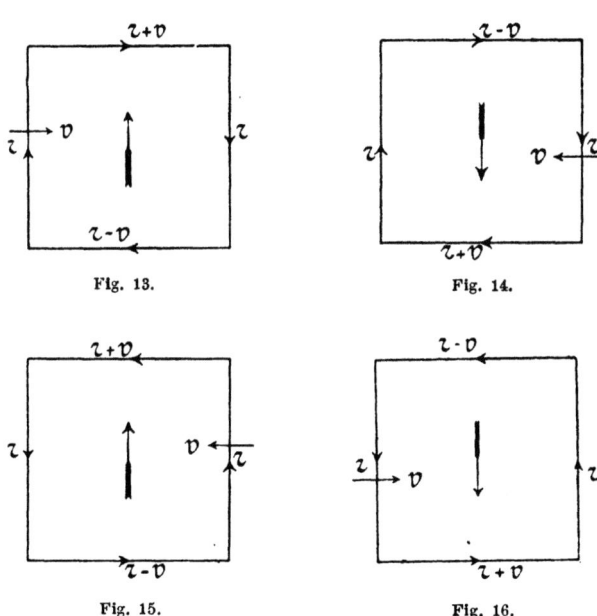

Fig. 13.   Fig. 14.

Fig. 15.   Fig. 16.

Die umgekehrte Bewegungsrichtung der unendlich kleinen Kreisströme giebt je nach Richtung des Leiters das Entsprechende (vergleiche Fig. 15 und 16).

Auf die Richtung der Ströme, die in den Leitern infolge der elektromotorischen Kraft entstehen, und die in derselben Richtung fliessen, wie die elektromotorische Kraft zunimmt, kommen wir im 3. Capitel zurück.

Capitel II.

Das absolute Maass und die practischen Maasseinheiten.

Im vorigen Capitel haben wir gefunden, dass die elektromotorische Kraft nach Grundsätzen der Bewegungslehre durch das Product einer Druckhöhe (h) und 2 mal Beschleunigung der Schwere (2 g) ausgedrückt werden kann:
$$E = 2\,g\,h$$

mithin durch das Product zweier Geschwindigkeiten.

Wir finden jetzt eine Bestätigung der Richtigkeit dieser Auffassung aus folgenden Betrachtungen über das absolute Maasssystem und die in der angewandten Elektricitätslehre gebräuchlichen practischen Maasseinheiten.

Bezeichnen wir mit c die Längeneinheit in Centimeter, mit t die Zeiteinheit in Secunden, mit m die Masseneinheit und mit g die Beschleunigung, so ist die elektromotorische Kraft in Volt gegeben durch den Ausdruck:
$$E_{Volt} = 10^8\,c^{\frac{3}{2}} \cdot m^{\frac{1}{2}}\,t^{-2}$$

oder
$$= 10^8\,\frac{c \cdot \sqrt{c\,m}}{t^2}$$

Um diesen Ausdruck umzuformen, führen wir die Beschleunigung g ein und setzen $\frac{g\,m}{g} = m = \frac{2\,g\,m}{2\,g}$ dann ist

$$E_{Volt} = 10^8 \cdot c \cdot \frac{\sqrt{2\,c\,g\,\frac{m}{2\,g}}}{t^2}$$

oder wir finden, wenn wir die letztere Gleichung wie folgt schreiben:
$$E = 10^8 \cdot \frac{c}{t} \cdot \frac{\sqrt{2\,g\,c}}{t} \cdot \sqrt{\frac{m}{2\,g}}$$
$$= 10^8 \cdot \frac{c}{t} \cdot \frac{c}{t} \cdot \sqrt{\frac{m}{2\,g}}$$

dass die elektromotorische Kraft in Volt ausgedrückt wird: durch das Product zweier Geschwindigkeiten, mal

Das absolute Maass und die practischen Maasseinheiten. 11

zweier Zahlenfactoren 10^8 und $\sqrt{\dfrac{m}{2\,g}}$, welche letzteren durch den gewählten Maassstab bezw. eine Verhältnisszahl für die specifische Druckhöhe bedingt sind.

Die Stromstärke J in Ampère ist gegeben durch den Ausdruck:

$$J_{\text{Ampère}} = 10^{-1}\, c^{\frac{1}{2}}\, m^{\frac{1}{2}}\, t^{-1} \text{ oder}$$

$$= 10^{-1} \frac{\sqrt{c\,m}}{t};$$

dafür mit Berücksichtigung der Beschleunigung finden wir die umgeformte Gleichung:

$$J = 10^{-1} \frac{\sqrt{2\,c \cdot g\,\dfrac{m}{2\,g}}}{t} \text{ dafür}$$

$$= 10^{-1} \frac{\sqrt{2\,c\,g}}{t} \cdot \sqrt{\frac{m}{2\,g}}$$

$$= 10^{-1} \frac{c}{t} \sqrt{\frac{m}{2\,g}}.$$

Die Stromstärke in Ampère ist also gleich einer Geschwindigkeit mal zwei Zahlenfactoren; 10^{-1} durch den Maassstab bestimmt, $\sqrt{\dfrac{m}{2\,g}}$ durch die specifische Druckhöhe bestimmt.

Die elektrische Arbeit in Voltampère oder Watt ist gegeben durch die Gleichung:

$$A = E\,J, \text{ mithin:}$$

$$A = E\,J = \left[10^8 \cdot c^{\frac{3}{2}}\, m^{\frac{1}{2}}\, t^{-2}\right] \times \left[10^{-1} \cdot c^{\frac{1}{2}}\, m^{\frac{1}{2}}\, t^{-1}\right]$$

$$= 10^7 \cdot \frac{c^2 \cdot m}{t^3}.$$

Es ist $\dfrac{c}{t^2}$ = Beschleunigung, m = Masse, also $\dfrac{c \cdot m}{t^2}$ = Masse × Beschleunigung = Kraft und $\dfrac{c}{t}$ = Geschwindigkeit = Weg in Zeiteinheit, mithin ist:

A die Arbeit durch folgende Gleichung ausgedrückt:

$$A = 10^7 \cdot \frac{c\,m}{t^2} \cdot \frac{c}{t} = \text{Kraft} \times \text{Weg}$$

oder wie oben:

$$A = E\,J = \left[10^8\, \frac{c}{t}\, \frac{c}{t}\, \sqrt{\frac{m}{2\,g}}\right] \times \left[10^{-1}\, \frac{c}{t}\, \sqrt{\frac{m}{2\,g}}\right]$$

Capitel II.

$$= 10^7 \cdot \frac{c}{t} \cdot \frac{c}{t} \cdot \frac{c}{t} \cdot \frac{m}{2g}$$

$$= 10^7 \cdot \frac{c^2}{t^2} \cdot \frac{c}{t} \cdot \frac{m}{2g}$$

$$= 10^7 \cdot \frac{c^2}{2gt^2} \cdot m \cdot \frac{c}{t}.$$

Die Bedeutung dieser einzelnen Factoren ist folgende:

$$\frac{c^2}{2g \cdot t^2} = \text{Beschleunigung}$$

$$\frac{c^2}{2g \cdot t^2} \cdot m = \text{Masse} \times \text{Beschleunigung} = \text{Kraft}$$

$$\frac{c}{t} = \text{Geschwindigkeit} = \text{Weg in der Zeiteinheit}.$$

Wir haben also die elektrische Arbeit, wie die mechanische Arbeit als ein Product aus Kraft × Weg ausgedrückt.

Ferner finden wir nach dem Ohm'schen Gesetze durch Division der beiden Grössen E und J den Ausdruck, den man als den elektrischen Widerstand bezeichnet, es ist:

$$W = \frac{E}{J} = [10^8 \cdot c^{\frac{3}{2}} \cdot m^{\frac{1}{2}} t^{-2}] : [10^{-1} c^{\frac{1}{2}} m^{\frac{1}{2}} t^{-1}]$$

$$= \left[10^8 \frac{c \sqrt{cm}}{t^2}\right] : \left[10^{-1} \frac{\sqrt{cm}}{t}\right]$$

$$= 10^9 \frac{c}{t}$$

oder dafür nach unserer Schreibweise:

$$\frac{E}{J} = \frac{10^8 \frac{c}{t} \cdot \frac{c}{t} \sqrt{\frac{m}{2g}}}{10^{-1} \cdot \frac{c}{t} \cdot \sqrt{\frac{m}{2g}}}$$

$$= 10^9 \frac{c}{t}$$

d. h. der elektrische Widerstand ist als eine Geschwindigkeit aufzufassen.

Die elektromotorische Kraft ist gleich dem Product aus der Stromstärke mal dem elektrischen Widerstande. Wir fanden jedoch eben, dass ebensowohl die Stromstärke als eine Geschwindigkeit im Sinne der Mechanik aufzufassen ist, wie der elektrische Widerstand. Mithin ist die elektromotorische Kraft einem Producte zweier Geschwindigkeiten proportional zu setzen, wie wir im Capitel I bereits auf Grund des Inductionsgesetzes gefunden hatten. Die Stromstärke, elektromotorische Kraft, sowie der elektrische Widerstand werden in der technischen Praxis durch die Einheiten Ampère, Volt und Ohm ausgedrückt, wir müssen deshalb in unserer allgemeinen Formel dementsprechend schreiben für:

die Stromstärke,
$$J\, 10^{-1} = J \text{ in Ampère}$$

die elektromotorische Kraft,
$$E\, 10^8 = E \text{ in Volt}$$

den elektrischen Widerstand.
$$W\, 10^9 = W \text{ in Ohm}$$

Mithin lautet unsere Grundgleichung über die Abhängigkeit der elektromotorischen Kraft in Volt von den in absolutem Maass gemessenen Geschwindigkeiten in Centimeter

$$E_{Volt} = \frac{4\, R\, .\, v\, .\, L\, .\, \sin \beta}{10^8}.$$

Bei allen späteren Betrachtungen folgen wir dem technischen Gebrauche und geben Stromstärke, elektromotorische Kraft und Widerstand in Ampère, Volt und Ohm an, die Buchstaben J, E und W erscheinen mithin bei allen Berechnungen, wo wir z. B. die elektromotorische Kraft ermitteln, und nach der neuen Theorie mit Geschwindigkeiten in absolutem mechanischen Maass rechnen, mit den Coefficienten 10^{-1}, 10^8 und 10^9.

Capitel III.

Grundbedingungen für die Entstehung von Gleichströmen in Folge der in Leitern inducirten elektromotorischen Kräfte.

Durch Aufwand einer mechanischen Arbeit soll vermittels der Gleichstromdynamomaschine ein elektrischer Strom von gleicher Spannung, gleicher Intensität und gleicher Richtung erzeugt werden, dies ist das Programm, dementsprechend die einzelnen Organe der Gleichstrommaschine durchzubilden sind.

Capitel III.

Ein elektrischer Strom entsteht in einem Leiter, wenn zwischen zwei Punkten desselben eine Differenz der elektromotorischen Kräfte herrscht. Elektromotorische Kräfte können wir, wie in dem einleitenden Capitel dargelegt, durch Aufwand von mechanischer Arbeit erzeugen, wenn wir einen Leiter durch ein magnetisches Feld bewegen.

Es ist ohne weiteres klar, dass wir einen gleichgerichteten Strom von gleicher Intensität und Spannung im Leiter erhalten, wenn wir den letzteren mit constanter Geschwindigkeit unter gleichen Verhältnissen bezüglich seiner Lage und Richtung durch ein homogenes magnetisches Feld bewegen.

Da nun aber jedes magnetische Feld begrenzt ist, so hat die Inductionswirkung desselben auf den Leiter ein Ende, sobald der Leiter das magnetische Feld verlässt, wir erhalten mithin nicht dauernd eine Differenz der elektromotorischen Kräfte, also auch keinen dauernden elektrischen Strom. Lassen wir den Leiter eine hin- und hergehende oder Vor- und Rückwärtsbewegung durch das magnetische Feld ausführen, so bewegt er sich nicht mehr unter gleichen Verhältnissen bezüglich seiner Bewegungsrichtung durch das magnetische Feld. Die Folge davon ist, dass wir bei der Vorwärtsbewegung eine Zunahme der elektromotorischen Kräfte im Leiter nach einer anderen Richtung hin erhalten, als bei der Rückwärtsbewegung. Es kehrt sich also die Richtung des Stromes um.

Wir erreichen den beabsichtigten Zweck, einen gleichgerichteten Strom zu erzeugen, durch eine Rotationsbewegung eines Leiters, wie nachstehend auseinandergesetzt werden soll.

In einem endlichen magnetischen Felde, welches etwa durch zwei gegenüberstehende ungleichnamige Pole gebildet sein mag, siehe Fig. 7, und das wir uns wiederum durch Kreisströme von der Geschwindigkeit R ersetzt denken, möge sich ein Leiter AB in einer Kreisbahn in der Richtung des Pfeiles mit der Geschwindigkeit v bewegen, vergl. Fig. 17. Der Leiter AB soll bei dieser Bewegung durch zwei leitende Schienen S u. S_1, die zu Ringen zusammengebogen sind, geführt werden. Die beiden Ringe S u. S_1 sind ferner durch einen Leiter, der in p und p_1 an den Ringen befestigt ist, verbunden.

Es wird zweckmässig sein, gleich an dieser Stelle zwei Begriffe zu erklären, welche bei den nachfolgenden Erläuterungen vielfach zu

Grundbedingungen für die Entstehung von Gleichströmen. 15

nennen sind. Es sind dies die Begriffe „innerer" und „äusserer" Stromkreis. Unter dem inneren Stromkreis verstehen wir, speciell bei Dynamomaschinen, den Theil eines gesammten Stromkreises, der lediglich im magnetischen Felde liegt, unter äusseren Stromkreis denjenigen Theil, der ausserhalb des magnetischen Feldes liegt, und in welchem der im inneren Stromkreis inducirte Strom seine Nutzarbeit verrichtet.

Im äusseren Stromkreis erhalten wir einen gleichgerichteten Arbeitsstrom, wenn die Leiter, aus welchen der innere Stromkreis

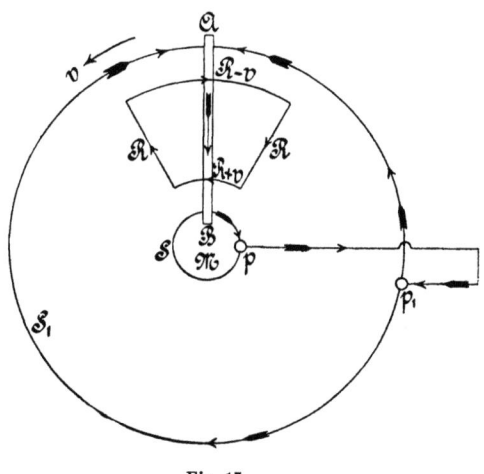

Fig. 17.

zusammengesetzt wird, nach folgenden bestimmten Regeln angeordnet sind.

Um diese Regel aufzufinden, kehren wir zur Betrachtung der Fig. 17 zurück. Bei der Rotation des Leiters A B um den Mittelpunkt M der Führungsringe entsteht in A B eine elektromotorische Kraft, die von A nach B, von der Peripherie nach dem Mittelpunkte gerichtet ist. (Vergleiche Capitel I, Seite 9.) Da die Kreise S und S_1 durch den Leiter A B und den die beiden Punkte p und p_1 verbindenden Draht zu einem Stromkreise geschlossen werden, so verläuft in demselben ein elektrischer Strom und zwar in Richtung der gefiederten Pfeile, wenn der Stab A B rotirt.

Capitel III.

Während seiner Rotation passirt der Stab AB das magnetische Feld stets in derselben Richtung, mithin wird auch der inducirte Strom stets gleiche Richtung haben. Wenn ferner die Geschwindigkeit v der Rotationsbewegung als constant vorausgesetzt wird, so ist auch die Spannung und die Intensität des erzeugten Stromes stets dieselbe. Es sind mithin drei Bedingungen des oben aufgestellten Programmes erfüllt, es fehlt nur noch die Erfüllung der vierten Bedingung, denn der elektrische Strom ist noch kein dauernder, da die Magnetpole nur einen Theil der Bahn des Leiters decken, also nur zeitweise auf ihn wirken können. Durch das Aus- und

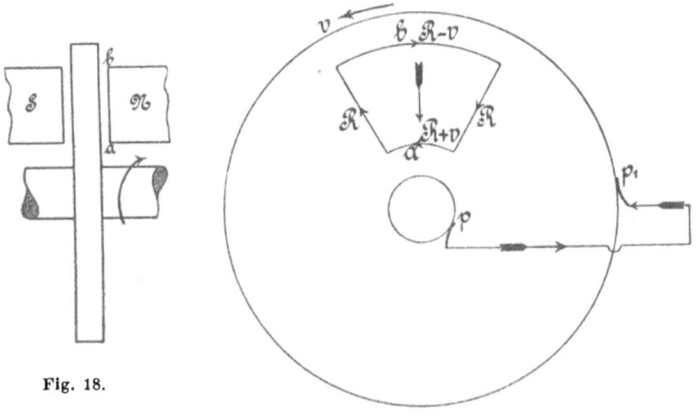

Fig. 18.

Fig. 19.

Wiedereintreten des Stabes in das magnetische Feld wird nur ein stossweises Induciren des elektrischen Stromes erreicht. Lassen wir jedoch statt eines Stabes eine leitende Scheibe, z. B. eine Metallscheibe, vom Durchmesser des Ringes S_1 zwischen zwei Polen rotiren (Fig. 18 und 19), so haben wir unendlich viele Stäbe neben einander gelegt. Rotiren diese unendlich vielen Stäbe durch das magnetische Feld, so ergiebt sich, wie die voraufgehende Betrachtung ohne weiteres schliessen lässt, in jedem Moment eine Differenz der Geschwindigkeiten der Kreisströme; an der Peripherie R − v, am Mittelpunkt (bezw. an der Achse) R + v, also stets eine nach dem letzteren hin zunehmende elektromotorische Kraft. Verbinden wir die Achse und die Peripherie der Metallscheibe während der Rotation

Grundbedingungen für die Entstehung von Gleichströmen. 17

dauernd durch einen Draht, was durch schleifende Contacte geschehen kann (vergl. Fig. 20), so verläuft im Gesammtstromkreise ein dauernder Gleichstrom.

Durch die vorstehenden Erwägungen haben wir zwei Resultate erhalten. Zunächst haben wir Erscheinungen, welche durch die Faraday'schen Experimente constatirt sind, an einer zwischen zwei Polen rotirenden Metallscheibe nach einer eigenen, unserer gesammten Theorie zu Grunde liegenden Anschauung, erklärt. Ferner haben wir ein für den nächstliegenden Zweck, die Ankerwicklungen zu erläutern, wichtiges Resultat erhalten, dass nämlich die Faraday'sche Metallscheibe das Element eines practischen Dynamomaschinenankers bildet.

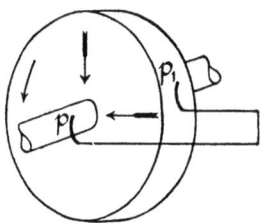

Fig. 20.

Die in einer solchen Metallscheibe inducirte elektromotorische Kraft hängt, wie ein Blick auf die Fig. 19 zeigt, nach dem allgemeinen Gesetze von der Intensität des magnetischen Feldes, der Geschwindigkeit und der radialen Ausdehnung a b des magnetischen Feldes ab.

Zur weiteren Betrachtung über die Vorgänge bei dieser Erzeugung der elektromotorischen Kraft lassen wir statt der vollen Metallscheibe viele nebeneinander gelegte Stäbe (etwa wie Fig. 21 zeigt, wo 16 Stäbe gezeichnet sind) rotiren, wobei sie auf den Ringen S und S_1 (hier punktirt gezeichnet) geführt werden. Es wird in jedem einzelnen im magnetischen Felde liegenden Stabe eine elektromotorische Kraft inducirt, dagegen in den Stäben, die ausserhalb des magnetischen Feldes liegen, wird keine elektromotorische Kraft inducirt. Diese Stäbe stellen vielmehr nur eine Verbindung zwischen dem Ringe S und S_1 her, und wird infolgedessen ein geschlossener Stromkreis erhalten. Somit werden die in Folge der

Fritsche, Gleichstrom-Dynamomaschine. 2

18 Capitel III.

elektromotorischen Kräfte auftretenden elektrischen Ströme entweder ganz oder theilweise im inneren Stromkreise verlaufen und im äusseren Stromkreise gar nicht oder in beschränktem Maasse zur Geltung kommen.

Wollen wir im inneren Stromkreise (im Anker) keine sich ausgleichenden Ströme haben, sondern alle inducirten elektromotorischen Kräfte zur vollen Geltung im äusseren Stromkreise kommen lassen, so müssen zunächst sämmtliche Stäbe im magnetischen Felde liegen, so dass in allen gleiche elektromotorische Kräfte erzeugt werden, und nur eine Strömung durch Schliessung eines äusseren Stromkreises entstehen kann (vergl. Fig. 22).

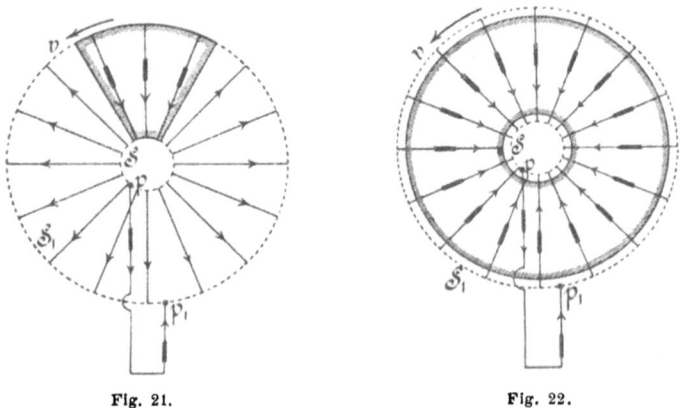

Fig. 21.   Fig. 22.

Die elektromotorische Kraft, welche bei der Anordnung nach Fig. 22 im äusseren Stromkreise zur Geltung kommt, resultirt dann aus vielen parallel geschalteten Stäben. Da die volle Metallscheibe als aus unendlich vielen nebeneinander liegenden Stäben bestehend betrachtet werden kann, so sehen wir aus der obigen Erwägung, dass eine volle Metallscheibe auch vollständig im magnetischen Felde liegen muss, wenn eine in derselben erzeugte elektromotorische Kraft vóll nach Aussen zur Wirkung kommen soll.

Es ist aber weder durch die volle Scheibe noch durch den Ersatz derselben durch viele parallel geschaltete Stäbe eine Erhöhung der elektromotorischen Kraft erzielt.

Betrachten wir nun zwei der Stäbe der Fig. 22 und legen zwischen denselben an die Ringe den verbindenden Draht, welcher

Grundbedingungen für die Entstehung von Gleichströmen. 19

den äusseren Stromkreis repräsentirt, an, wie Fig. 23 zeigt, so finden wir, dass bei dem Punkte p_1 der Strom sich theilt, nach dem Stabe a und nach b strömend, beim Punkte p kommt der Strom von Stab a und von Stab b und treten die vereinigten Ströme in den äusseren Stromkreis. Beide Stäbe bilden mit dem Verbindungsdraht einen geschlossenen verzweigten Kreis, wie das Schema Fig. 24 zeigt.

Nach diesem Schema Fig. 24 müssen, um eine Stromabnahme von einem Anker auf einen äusseren Stromkreis zu ermöglichen, alle Leiter, aus welchen der Anker zusammengesetzt ist, geschaltet sein. Es muss an der einen Abnahmestelle eine Vereinigung zweier Stromimpulse erfolgen, an der anderen wiederum eine Theilung in

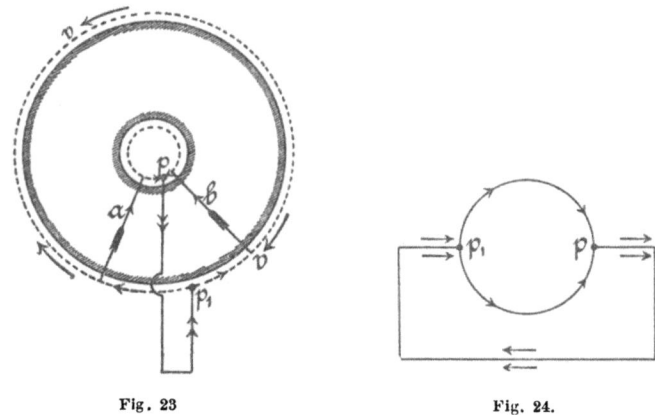

Fig. 23   Fig. 24.

zwei Zweige. Wir nennen dieses Schema in Zukunft stets Verzweigungs- oder Spaltungsschema.

Die Betrachtung des Verzweigungsschemas zeigt uns ferner, dass die Vereinigung zweier elektromotorischer Kräfte nur dann ohne Verluste im äusseren Stromkreise zur Geltung kommt, wenn beide gleich sind, d. h. also, es müssen die beiden Leiter von gleicher Länge sein und mit gleicher Geschwindigkeit durch das magnetische Feld bewegt werden, wobei dann jeder Leiter von Kreisströmen gleicher Geschwindigkeit beeinflusst sein soll.

Wir haben früher gesehen, dass die Grösse der elektromotorischen Kraft, welche in einem Leiter erzeugt wird, bei gegebener Geschwindigkeit der Kreisströme abhängt: von der Länge des Leiters und der Geschwindigkeit der Bewegung

$$E = 4\,R\,v\,L.$$

2*

20 Capitel III.

Eine Erhöhung der elektromotorischen Kraft, wie sie die Praxis verlangt, können wir also bei dem einfachen Dynamomaschinenanker, den die volle Metallscheibe oder mehrere parallel geschaltete Stäbe repräsentiren, nur in beschränkten Grenzen erreichen. Die Geschwindigkeit v und der Radius L bezw. die Länge der Stäbe können über ein gewisses Maass nicht vergrössert werden, ebenso wenig das Product 4 R.

Bei einer in gewissen Grenzen beschränkten Geschwindigkeit v, bei beschränkter Intensität des magnetischen Feldes können wir die gewünschte Erhöhung der elektromotorischen Kraft nur durch eine geeignete Summirung der einzelnen Inductionsimpulse erzielen.

Betrachten wir Fig. 25 und nehmen wir an, im Stabe A B werde eine elektromotorische Kraft inducirt, die von A nach B ge-

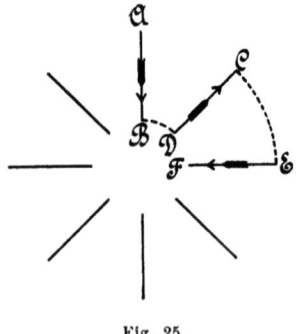

Fig. 25.

richtet ist, so muss, wenn ein nächstfolgender Stab C D sich an diesen anschliessen soll, die elektromotorische Kraft in demselben von innen nach aussen gerichtet sein, von D nach C und die Verbindung B D hergestellt werden. Sollte ferner der Stab E F hinzutreten, so muss in demselben die elektromotorische Kraft die Richtung von E nach F haben und Punkt C mit E verbunden sein.

Ohne die Verbindung aller Stäbe weiter zu verfolgen, sehen wir bereits, dass die Richtung der elektromotorischen Kräfte, also auch die Richtung der Ströme, abwechselnd vom äusseren Umfang nach dem inneren bezw. vom inneren Umfang nach dem äusseren verlaufen muss.

Diese Bedingung können wir bei der Rotation der Stäbe in einem bestimmten Sinne nur erfüllen, wenn dieselben während der

Grundbedingungen für die Entstehung von Gleichströmen. 21

Rotation zwei oder mehrere in verschiedener Weise sie beeinflussende magnetische Felder passiren. Vergl. Fig. 26 und 27.

Auf Grund aller in den vorstehenden Betrachtungen aufgezählten Einzelbedingungen für die Ankerbewicklung einer Gleichstrommaschine kommen wir zu nachstehender Characteristik derselben:

Die zur Erzielung einer grösseren elektromotorischen Kraft im Anker hintereinander zu schaltenden Stäbe müssen, um die Abnahme eines Gleichstroms nach Aussen zu ermöglichen, in zwei gleichen Gruppen als zwischen den Abnahmestellen parallel geschaltete Zweige des gesammten Stromkreises vereinigt werden, und zwar sind

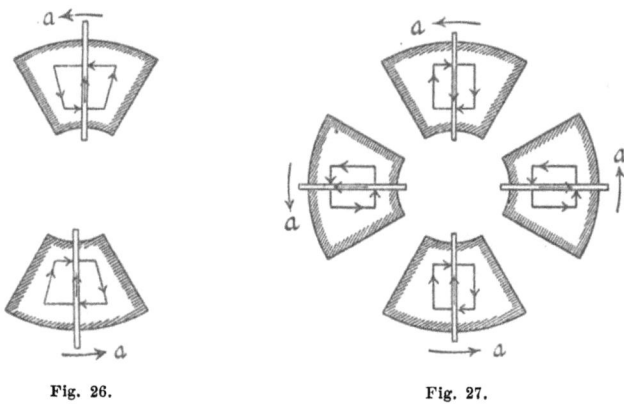

Fig. 26.   Fig. 27.

immer diejenigen Stäbe mit einander zu vereinigen, in welchen die elektromotorische Kraft in gleicher Richtung zunimmt.

Das bereits in Fig. 24 gezeichnete Schema geben wir in Fig. 28 nochmals wieder, es veranschaulicht den eben ausgesprochenen Satz in klarer Weise. Wir sehen, dass die sämmtlichen Stäbe zu einem geschlossenen, also endlosen Leiter vereinigt sind und zwar so, dass in jeder Hälfte nur solche Stäbe vereinigt sind, welche in einem im gleichen Sinne auf sie wirkenden magnetischen Felde liegen.

Die in oben gegebener Charakteristik ausgesprochenen Bedingungen für eine richtige Ankerbewicklung werden erfüllt, wenn immer je zwei gleich lange, also in Bezug auf die inducirte elektromotorische Kraft gleichwerthige Stäbe direct mit einander durch

22 Capitel III.

ausserhalb oder beziehungsweise ausserhalb des Einflusses des magnetischen Feldes liegende Leiter vereinigt sind. Die gleichwerthigen Stäbe müssen dabei symmetrisch zu einander in magnetischen Feldern, welche sie in gleichem Sinne beeinflussen, liegen. Die nachfolgende Beschreibung der verschiedenen Wicklungsarten wird zeigen, dass die ausgesprochene Characteristik für alle Wicklungsarten passt, und später werden wir sehen, dass sich die einzelnen Wicklungsarten im Wesentlichen durch die Art und Weise unterscheiden, wie die Verbindung je zweier Stäbe erfolgt.

Das in Fig. 24 und 28 gegebene Verzweigungsschema, welches allgemein für alle Ankerbewicklungen gilt, können wir zunächst

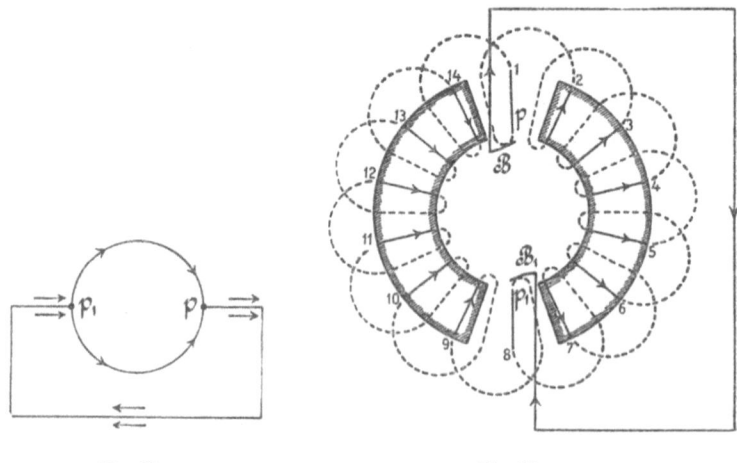

Fig. 28.   Fig. 29.

durch zwei Schaltungsschemata ergänzen, welche zwei der bisherigen Haupttypen aller Ankerwicklungen characterisiren; es schliesst sich dann noch ein drittes Schema über eine von diesen wesentlich verschiedene Ankerwicklung an.

Die Fig. 29 giebt ein Schaltungsschema, welches practisch seine Verwirklichung im Paccinotti-Gramme'schen Ringanker gefunden hat.

In jedem Felde sind eine gleiche Anzahl Stäbe durch die punktirten Linien hintereinander geschaltet, so dass eine Summirung der elektromotorischen Kräfte stattfinden kann.

Die je zwei Stäbe verbindenden Leiter dürfen in diesem Falle

Grundbedingungen für die Entstehung von Gleichströmen. 23

jedoch nicht selbst in den magnetischen Feldern liegen, denn es würden in ihnen ebenfalls elektromotorische Kräfte inducirt werden, welche einer in den Stäben inducirten elektromotorischen Kraft entgegenwirken würden.

Vergleichen wir die Stäbe, welche in den magnetischen Feldern liegen, mit den Elektroden galvanischer Elemente, so bilden die punktirt gezeichneten verbindenden Drähte nur die äusseren Schliessungsbögen, welche zur Hintereinanderschaltung mehrerer Elemente zu einer Batterie benutzt werden.

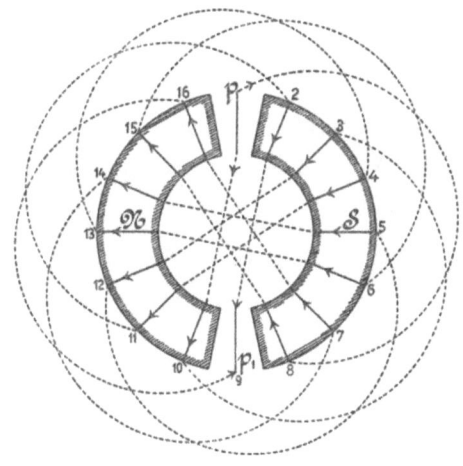

Fig. 30.

Wir können ferner die Verbindung einzelner Stäbe, die innerhalb magnetischer Felder liegen, durch ein zweites Schaltungsschema characterisiren, welches in Fig. 30 gegeben ist; dieses Schema gilt für die zweite Type der Dynamomaschinenanker, für den v. Hefner-Alteneck'schen Trommelanker.

Während das Schema Fig. 29 nicht ohne weiteres erkennen lässt, wie die Verbindungen der Stäbe ausserhalb der magnetischen Felder in praxi ausgeführt werden, geht dies schon deutlicher aus dem Schaltungsschema Fig. 30 hervor.

Die punktirt gezeichneten Leiter, welche die 16 Stäbe, je 8 hintereinander in zwei parallele Stromkreise schalten, sind bereits im Schema ausserhalb der Wirkungssphäre der magnetischen Felder;

24 Capitel III.

liegen sie bei der practischen Ausführung in ähnlicher Weise, so werden in ihnen keine gegenwirkenden elektromotorischen Kräfte erzeugt.

Legen wir bei Fig. 29 und 30 in den Punkten p und p_1 Schleifcontacte an die Stäbe und verbinden dieselben durch einen Draht, so erhalten wir einen dauernden Strom in diesem äusseren Kreise.

Nach diesen beiden Schaltungsschemata können wir vorläufig jede Ankerbewicklung auffassen: als aus lauter einzelnen Schleifen bestehend zusammengesetzt, jede Schleife aus zwei Stäben und verbindendem Draht gebildet.

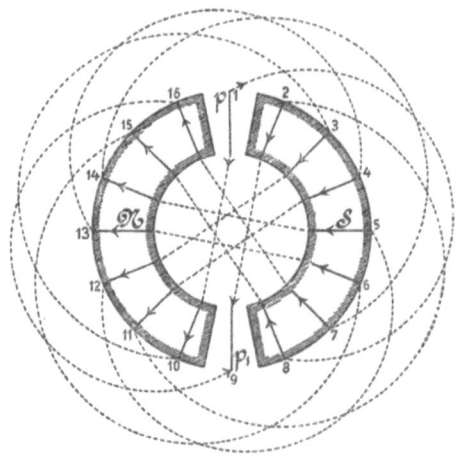

Fig. 31.

Die Schleifen schliessen sich fortlaufend aneinander, und zwar in Fig. 29 wie bei einer Spirale, in Fig. 30 wie die eines Knäuels.

Wie wir später sehen werden, hat die Eintheilung einer Ankerbewicklung in einzelnen Schleifen für die practische Ausführung, sowie für die Stromabnahme eine gewisse Bedeutung.

Einstweilen wurde nur die Bezeichnung „Schleife" eingeführt, um eine kürzere Ausdrucksweise zu ermöglichen.

Schliesslich soll noch auf einen characteristischen Unterschied zwischen dem Schema der Ringankerbewicklung und dem der Trommelankerbewicklung aufmerksam gemacht werden.

Die Schleifen der Ringankerbewicklung bestehen immer aus Stäben, welche stets innerhalb in gleichem Sinne wirkender magnetischer Felder liegen vergl. Fig. 29, während die Stäbe der Trommelankerschleifen aus Stäben gebildet werden, welche innerhalb in verschiedenem Sinne sie beeinflussender magnetischer Felder liegen. Dieser Unterschied besteht ganz allgemein, sowohl für zwei- als vielpolige Maschinen.

Die erwähnte neue Wicklungsart characterisiren wir durch Fig. 31, in welchem Schema die Verbindung der einzelnen Stäbe nicht in Schleifen, sondern in Wellen erfolgt. Es bilden jedoch sämmtliche Wellen hier kein Knäuel.

Bei der späteren Betrachtung der practischen Wicklungen, besonders der vielpoligen, tritt der characteristische Unterschied der nach diesem Schaltungsschema gewickelten Anker schärfer in den Vordergrund, es mag deshalb genügen, hier auf den Unterschied hingewiesen zu haben.

Capitel IV.

Einrichtungen für den Uebergang der im inneren Stromkreise inducirten Gleichströme auf den äusseren Stromkreis.

Anordnung der Commutatoren oder Stromsammler.

Bei den vorherigen Betrachtungen über die verschiedenen Schaltungsschemata, welche, da es sich allein um das Princip der Wicklungen handelte, nur für zweipolige Dynamomaschinen gegeben sind, fanden wir, dass der Uebertritt des im inneren Stromkreise inducirten Stromes in den äusseren Stromkreis stets an zwei bestimmten Punkten zu erfolgen hat (vergl. das Schema Fig. 24). Die Lage dieser Punkte wird dadurch bestimmt, dass zwischen ihnen sich die gesammte Ankerwicklung in zwei gleiche Stromzweige spalten muss.

Da wir gesehen haben, dass die beiden Stromzweige zur Erzielung einer reinen Summirung der elektromotorischen Einzelkräfte gleich kräftig von den Elektromagneten beeinflusst werden müssen, so folgt daraus, dass die Abnahmestellen stets in der neutralen Zone liegen müssen.

Stehen hier feste Contacte (Schleifbürsten), so muss der Stromsammler der practischen Ankerbewicklung so ausgeführt sein, dass während der Rotation des Ankers in jedem Augenblicke die Verzweigung bezw. Schaltung der ganzen Wicklung die gleiche bleibt, nämlich, so wie das Schema Fig. 24 vorschreibt.

In welcher Weise diese Bedingung bei der practischen Ausführung erfüllt wird, zeigt die in Fig. 32 gegebene Vervollständigung des Schemas Fig. 29 (Capitel III).

Die punktirt gezeichneten Verbindungsdrähte, welche die Hintereinanderschaltung der einzelnen, im magnetischen Felde liegenden

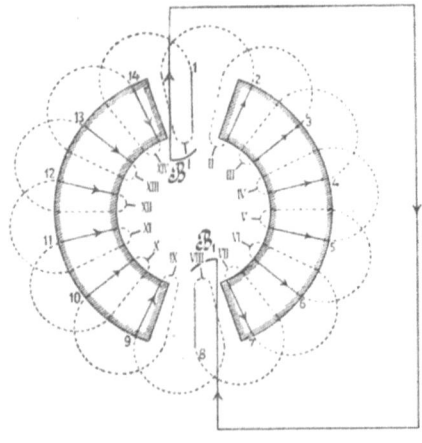

Fig. 32.

Stäbe vermitteln, werden mit radial liegenden Stäben oder Kreissegmenten, welche alle von einander isolirt sind, verbunden. In Fig. 32 sind diese Kreissegmente durch einfache Linien markirt.

Während der Rotation des Ankers schleifen die festen Bürsten B und B_1 auf diesen zugleich rotirenden Segmenten, welche mit der zwischen ihnen liegenden Isolation einen Cylinder bilden.

Bei der in Fig. 32 gezeichneten Anordnung werden in jedem Augenblicke durch die Bürsten, da sie auf den Stromsammlersegmenten liegen, eine gleiche Anzahl Stäbe parallel geschaltet, ebenso wie in der Anfangs-(Ruhe-)Lage.

In der Anfangslage, wenn die Bürsten auf Segment I und VIII liegen, sind parallel geschaltet die Stäbe:

Einrichtungen für den Uebergang der inducirten Gleichströme.

$$\begin{Bmatrix} 2- & 3- & 4- & 5- & 6- & 7-8 \\ 1-14-13-12-11-10- & 9 \end{Bmatrix}.$$

Liegen die Bürsten nach einer Viertelumdrehung auf den Segmenten IV und XI, vergl. Fig. 33[1]), so sind die Stäbe in folgender Reihenfolge parallel geschaltet:

$$\begin{Bmatrix} 4-3-2-1-14-13-12 \\ 5-6-7-8-9-10-11 \end{Bmatrix}.$$

Wir sehen also, dass stets die 14 Stäbe zu je 7 Stäben hintereinander geschaltet sind und beide Zweige parallel.

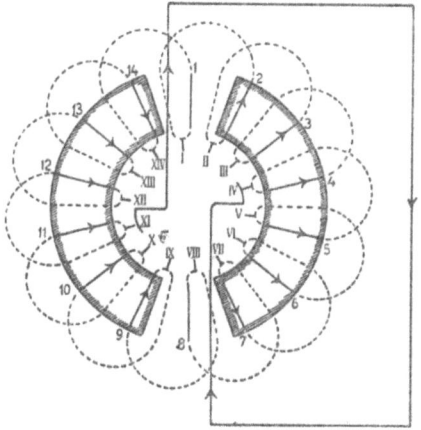

Fig. 33

Für die Intensität des elektrischen Stromes, welcher durch den inneren und äusseren Stromkreis fliesst, ist also bei der beschriebenen Anordnung der Stromabnahme (Commutatoranordnung) stets die Summe der in einer gleichen Anzahl Stäbe inducirten elektromotorischen Kräfte massgebend.

Die Erfüllung dieser Bedingung haben wir von der Gleichstromdynamomaschine gefordert, wir haben also hiermit gezeigt, wie derselben durch die Praxis entsprochen wird.

---

[1]) In Wirklichkeit bleiben die Bürsten stehen und die Wicklung wird um einen gewissen Winkel verdreht.

28   Capitel IV.

Als besonders hervortretendes Ergebniss obiger Betrachtungen finden wir, dass allerdings stets eine gleiche Anzahl Stäbe durch die schleifenden Bürsten in jedem der beiden parallelen Stromzweige liegen muss, dass jedoch während der Rotation diese Anzahl nicht immer gleich $\frac{n}{2}$ ist, wenn n die Gesammtzahl der Stäbe bedeutet. Liegt nämlich eine Bürste gleichzeitig auf zwei Commutatorsegmenten, was während einer Umdrehung des Ankers je nach Anzahl der Commutatorsegmente mehr oder weniger häufig stattfindet, so wird ein Theil der Wicklung, ein oder wohl auch mehrere Stäbe, von der Gruppe der hintereinander geschalteten Stäbe ausgeschlossen.

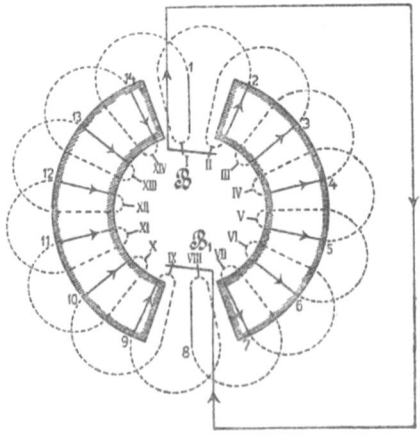

Fig. 34.

Nehmen wir an, wie in Fig. 34 gezeichnet, es liegen die beiden Bürsten B und B_1 gleichzeitig auf zwei Commutatorsegmenten. Bei dieser Stellung sind die Stäbe 1 und 2 bezw. 8 und 9 zu gleicher Zeit gemeinschaftlich mit dem äusseren Stromkreise verbunden. Durch die Bürste B werden die beiden Segmente I und II vereinigt und tritt diese Verbindung an Stelle des punktirt gezeichneten Verbindungsdrahtes.

Wir erkennen aus der Zeichnung sofort, dass der Stab 2 aus der Gruppe der hintereinander geschalteten Stäbe ausgeschlossen wird, es ist also die jener Gruppe entsprechende Inductionslänge um eine Stablänge verkleinert.

Einrichtungen für den Uebergang der inducirten Gleichströme. 29

Dasselbe gilt von der zur ersteren durch die Bürste B_1 parallel geschalteten Gruppe, welche auf den Segmenten VIII und IX liegt, der Stab 9 ist aus der Gruppe ausgeschlossen.

Die Inductionslängen beider Gruppen sind also um das gleiche Stück, um eine Stablänge, verkürzt.

Weiter erkennen wir, dass sich beim Commutatorsegment II vom Stabe 3 aus die in allen noch hintereinander geschalteten Stäben erzeugte und addirte elektromotorische Kraft direct vermittels der Bürste B im äusseren Stromkreis geltend macht. Zu gleicher Zeit wird aber an derselben Stelle dieselbe addirte elektromotorische Kraft durch den Stab 2, also um ein seiner Länge entsprechendes Maass angewachsen, im äusseren Stromkreise zur Geltung kommen, denn sie gelangt durch einen den Stab 2 mit dem Segment I verbindenden Draht dahin.

Zwischen der durch Stab 2 erhöhten und der von Stab 3 direct kommenden elektromotorischen Kraft findet an der Bürste B ein Ausgleich statt, sodass die Differenz beider für die Stromstärke im äusseren Stromkreis massgebend ist.

Hieraus folgt, dass der von einer Gruppe der hintereinander geschalteten Stäbe ausgeschlossene Stab nicht mit seiner ganzen Länge ins Gewicht fällt.

Bei der zwei Segmente deckenden Bürste B_1 haben wir ganz dieselben Vorgänge. Auf diese Vorgänge ist theilweise die in der Praxis am Commutator beobachtete Funkenbildung zurückzuführen.

Diese Betrachtungen geben uns für die practische Ausführung von Commutatoren schätzenswerthe Winke.

Es ist nämlich bei der constructiven Anordnung der Commutatoren dafür zu sorgen, dass die Länge eines von der hintereinander geschalteten Stabgruppe ausgeschlossenen Stabes im Verhältniss zur Summe der Längen aller Stäbe gering ist.

Es gilt aus diesem Grunde allgemein die Regel: viele Stäbe und dementsprechend viele Commutatorsegmente anzuordnen.

Dieselbe Forderung, viele Commutatorsegmente anzuordnen, stellt die Bedingung, dass zwischen zwei benachbarten, nur durch eine dünne isolirende Schicht getrennten Stäben die Differenz der elektromotorischen Kräfte in mässigen Grenzen gehalten wird.

Eine bestimmte an den Klemmen der Maschine gewünschte Spannung erfordert, wenn die Maschine funkenlos arbeiten soll, auch eine bestimmte Anzahl von Commutatorsegmenten und eine durch diese begrenzte Schleifenlänge der Ankerwicklung.

Die eben gegebenen Betrachtungen werden wir im Capitel VI bei Bestimmung der wirksamen Ankerdrahtlänge zu berücksichtigen haben und dann Veranlassung nehmen, nochmals auf die Commutatoren einzugehen.

Capitel V.
Practische Anordnung des magnetischen Feldes der Dynamomaschinen.

Nachdem nunmehr mit Erläuterung der principiellen Bedingungen für das Entstehen dauernder Ströme gleicher Richtung, Spannung und Intensität in bewegten Leitern, welche in magnetischen

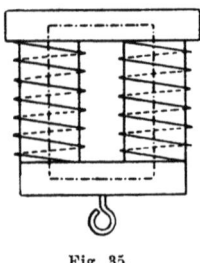

Fig. 35.

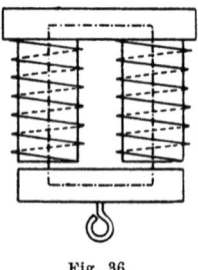

Fig. 36.

Feldern liegen, die Schaltungsschemata der Ankerwicklungen gefunden sind, und auch die Ueberführung dieser Ströme in den äusseren Stromkreis zur Nutzbarmachung gezeigt ist, wollen wir in vorliegendem Capitel die practischen Anordnungen der magnetischen Felder von Dynamomaschinen besprechen.

Die magnetischen Felder aller Dynamomaschinen sind nach dem Typus des sogenannten Hufeisen-Elektromagneten angeordnet.

Ein Hufeisen-Elektromagnet besteht, wie Fig. 35 zeigt, aus zwei mit isolirten Drähten bewickelten Eisenkörpern (gewöhnlich

Practische Anordnung d. magnetischen Feldes d. Dynamomaschinen. 31

von Stabform), den Schenkeln, einem beide verbindenden Joche und dem an den Polen der Schenkel anliegenden Anker. Dieser Anker vermittelt in dem System von Eisenkörpern den Uebergang der magnetischen Kreisströme von einem Pol zum andern, er schliesst den magnetischen Kreis; die unendlich dünnen Spiralen, in welchen alle durch die Schenkelwindungen und den Schenkelstrom erzeugten Kreisströme verlaufen, wollen wir uns durch eine in Fig. 35 punktirt gezeichnete Linie (die der Achse des Spiralenbündels entsprechen würde) vorstellen.

Wie wir später sehen werden, haben wir bei den magnetischen Feldern der Dynamomaschinen öfter mehrere solcher geschlossener magnetischer Kreise, welche stets durch punktirte Linien markirt werden sollen.

Nach den Ergebnissen des Capitels III ist jede innerhalb magnetischer Felder in bewegten Leitern erzeugte elektromotorische Kraft auf die Bewegung der Leiter und auf die Geschwindigkeit der magnetischen Kreisströme zurückzuführen, ferner fanden wir dort Regeln, bezw. Bedingungen, nach welchen die Beeinflussung der Leiter durch die Kreisströme erfolgen muss, wenn diese Leiter zu einer Ankerwicklung vereinigt sind.

Danach müssen die magnetischen Felder der Dynamomaschinen derart angeordnet sein, dass die bewegten (rotirenden) Leiter unter Einfluss der Kreisströme stehen, während letztere durch die Leiter hindurch von einem Pol zum andern übertreten.

Wollen wir diese Bedingung bei einem aus dem gewöhnlichen Hufeisenmagneten mit Anker gebildeten magnetischen Felde erreichen, so muss zunächst zwischen dem Anker und den Polen ein Zwischenraum bleiben, um den Durchgang der Leiter zu ermöglichen. (Siehe Fig. 36.) Durch die Entfernung des den Uebergang der Kreisströme vermittelnden Eisenkörpers (des Ankers) wird erfahrungsmässig die Aussenwirkung des Magnetismus verringert, was auf eine Abnahme der Geschwindigkeit der Kreisströme zurückzuführen ist.

Würde man den Eisenanker, vielleicht aus practischen Rücksichten, ganz entfernen wollen, so entstände eine grössere Beeinträchtigung der Geschwindigkeit der Kreisströme durch den Widerstand der Luft.

Da nun der als Uebergangsvermittler dienende „Anker" nicht zu entbehren ist, liegt es nahe, dass man ihn als Träger der „Leiter" benutzt und als Rotationskörper ausbildet, welcher eine für die Leiter geforderte Rotationsbewegung ausführt.

Der früher sogenannte „Inductor" der Dynamomaschinen, welcher die Leiter, in denen eine elektromotorische Kraft inducirt werden soll, trägt und durch das magnetische Feld führt, hat, da er gleichzeitig die Aufgabe eines „Ankers" erfüllt, diesen Namen erhalten.

Diese Erwägungen zeigen uns also, dass für die Charakterisirung des magnetischen Feldes einer Dynamomaschine sowohl die Form und Masse der Schenkel und verbindenden Joche, sowie Form und Masse des Ankereisens massgebend sind.

Welche Variationen der einfache Hufeisenmagnet bei den verschiedenen Dynamomaschinen zwecks möglichst günstiger Anordnung

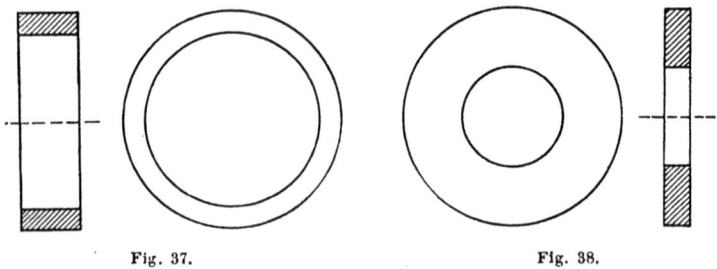

Fig. 37.   Fig. 38.

der magnetischen Felder erfahren hat, richtet sich in erster Linie danach, welchen Rotationskörper man als „Ankerkern" gewählt hat.

Die ersten Dynamomaschinen-Anker waren die schon erwähnten Paccinotti'schen Ringe, wovon Fig. 37 und 38 verschiedene Kernformen zeigen. Fig. 37 zeigt die Gramme'sche Form des Ringankerkernes, welcher rechteckigen Querschnitt hat. Der Ring ist hier fast ein Hohlcylinder zu nennen, weil die Länge im Verhältniss zu seiner Stärke gross ist.

Die Fig. 38 zeigt den sogenannten Flachring, welchen die Schuckert'schen Dynamomaschinen haben. Je nach der Richtung, in welcher diese Kernformen die grössten Uebergangsflächen bieten, werden die Pole angeordnet und ist die Lage der Schenkel verschieden, wie später bei Betrachtung einiger Maschinentypen näher beleuchtet wird.

Eine zweite Art Anker hat Cylinder oder Trommeln, Fig. 39, als Kern (vergl. v. Hefner-Alteneck'sche Trommelanker); auch

Practische Anordnung d. magnetischen Feldes d. Dynamomaschinen.   33

diese Anker sind bei sehr vielen Maschinen zur Verwendung gekommen. Selten im Vergleich zu den Ring- und Trommelankern sind die aus den Flachringanker hervorgegangenen sogenannten „Scheibenanker" ausgeführt. Der Grund hierfür ist wohl meistens in constructiven Schwierigkeiten zu suchen.

Am einfachsten erledigt sich der Rest unserer Aufgabe: „Die practische Anordnung der magnetischen Felder von Dynamomaschinen" zu erläutern, durch die Beschreibung einiger charakteristischer Maschinentypen.

Mit den zweipoligen Dynamomaschinen beginnend, sei nachstehend eine Edison-Dynamomaschine, in Fig. 40 dargestellt, beschrieben.

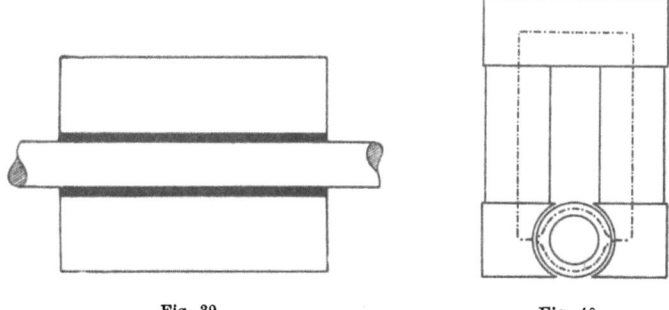

Fig. 39.   Fig. 40.

Das magnetische Feld dieser Maschine zeigt die einfachste Variante des Hufeisen-Elektromagneten, der Trommelanker rotirt zwischen zwei Polstücken, auf welche sich die bewickelten Schenkel direct aufsetzen, oben sind die Schenkel durch ein genügend dimensionirtes Joch verbunden. Der magnetische Kreis dieser Maschine ist innerhalb der Schenkel und Polstücke und des Joches ein einfacher; im Anker spaltet sich der Kreis, die Spiralenbündel der Kreisströme treten ober- und unterhalb der Rotationsachse durch die Trommel und vereinigen sich dann später wiederum im jenseitigen Polstück. Der Anker besteht aus schmiedeeisernen Scheiben. Die radiale Ausdehnung derselben ist so bemessen, dass der Ankerkern den Polstücken entsprechende genügende Uebergangsquerschnitte bietet.

Der magnetische Kurzschluss, welcher entstehen würde, wenn dieses Feldsystem direct auf eine eiserne Fundamentplatte gesetzt würde, ist durch einen Zinkuntersatz zwischen Polstücken und Grundplatte vermieden.

Eine zweite Trommelmaschine, bei der das magnetische Feld ebenso nur durch einen einfachen Hufeisenmagneten gebildet wird, ist die in Fig. 41 abgebildete Trommelmaschine von Siemens &

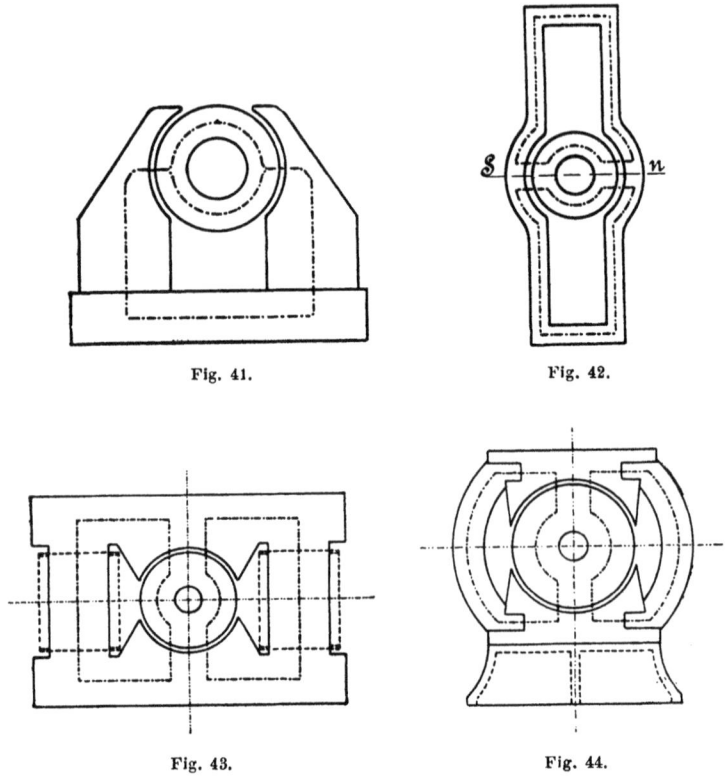

Fig. 41.   Fig. 42.

Fig. 43.   Fig. 44.

Halske Mod. H. Bei dieser Maschine liegt der Trommelanker oben, das Joch unten, also ist die Zinkplatte unnöthig geworden.

Gewissermassen aus zwei mit ihren gleichnamigen Polen sich berührenden Hufeisenmagneten ist das magnetische Feld der ältesten Trommelmaschine von Siemens & Halske gebildet. (Siehe Fig. 42.)

Diese Maschine hat zwei geschlossene magnetische Kreise, wovon jeder durch eine Ankerkernhälfte geht; in den Polstücken haben wir deshalb Folgepole, wie in der Figur 42 gekennzeichnet.

Practische Anordnung d. magnetischen Feldes d. Dynamomaschinen. 35

Die Leistung dieser Maschine würde theoretisch genommen in keiner Weise beeinträchtigt sein, wenn die Polstücke in der Mittellinie s n durchgeschnitten wären, wir hätten dann einfach statt einer zweipoligen eine vierpolige Dynamomaschine.

Eine zweite Trommelmaschine mit Folgepolen ist die in Fig. 43 gegebene Mather & Platt'sche Maschine und ferner die in Fig. 44 dargestellte Maschine von Kapp.

Die Anordnung dieser Maschinen bietet im Princip gegenüber der Siemens'schen Maschine nichts Bemerkenswerthes, wir geben sie nur als Beispiele, um zu zeigen, in welcher Weise dieselbe Disposition des magnetisches Feldes eine in constructiver Hinsicht

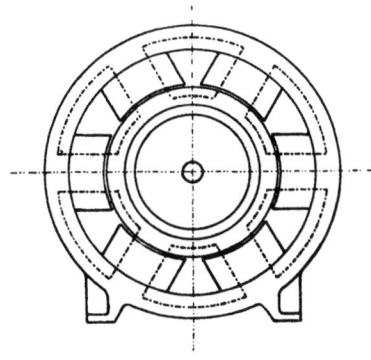

Fig. 45.

vollkommenere Gestaltung gefunden hat. Bei der Theorie der Dynamomaschinen kommen wir auf die erstere Maschine nochmals als Beispiel zurück.

Um in einer Folge die Maschinen mit Trommelankern zu erledigen, soll hier sogleich auf die vielpoligen magnetischen Felder dieser Maschinen eingegangen werden.

Durch die Gruppirung mehrerer Pole um den Umfang der Trommel, wie z. B. in Fig. 45 gezeichnet, wo 6 Pole und 6 geschlossene magnetische Kreise vorliegen, werden je nach der Ankerwicklung zwei Fälle zu unterscheiden sein.

Bei den meisten bisher gebauten Maschinen ist der eine Fall der, dass die Trommeln so bewickelt sind, dass je 2 Pole, also ein geschlossener magnetischer Kreis, mit einem Theil der Ankerwick-

3*

lung eine Dynamomaschine bilden, wir also bei 6 Polen 3 einzelne Maschinen (die parallel geschaltet sind) haben. Auf diese Ankerwicklung, welche nicht vielpolig ist, kommen wir im nächsten Capitel eingehend zurück.

Eine wirkliche vielpolige Maschine erhält man erst bei eigenartiger Anordnung der Ankerbewicklung. Vergl. Fig. 73 auf Seite 53.

Es bleibt hier nur noch zu erwähnen, dass für die Berechnung der Leistung sowohl der wirklichen vielpoligen Maschinen, als auch der sogenannten vielpoligen Maschinen immer nur die zwischen zwei Polen übertretende Geschwindigkeit der Kreisströme, die übrigens zwischen allen Polpaaren gleich sein soll, massgebend ist. Nur die grössere Umfangsgeschwindigkeit v des Ankers ergiebt die erhöhte Leistung einer sogenannten vielpoligen Maschine gegenüber einer zweipoligen Maschine von gleicher Intensität des magnetischen Feldes, stillschweigend vorausgesetzt, dass die wirksame Ankerdrahtlänge beider Maschinen dieselbe ist.

Bei der Anordnung der magnetischen Felder der Ringankermaschinen finden wir dieselbe Lage der verschiedenen Pole bezüglich ihrer Polarität zu einander, wie bei den besprochenen Trommelmaschinen.

Die äussere Anordnung dieser magnetischen Felder ist jedoch je nach Ausbildung der Ringanker als Gramme'sche Ringe oder Flachringe mehr oder weniger abweichend von der üblichen Anordnung der bisher beschriebenen Maschinen.

Wie wir sogleich aus der Beschreibung einiger Ringankermaschinen sehen werden, ist die Spaltung der magnetischen Kreise im Ringanker auch eine andere, als in der Trommel.

Die Fig. 46 zeigt die Principskizze der Flachringmaschine in Ansicht, Fig. 47 den Flachringanker dieser Maschine mit seinen Polschuhen. Wir haben hier zwei Hufeisenmagnete, also auch hier zwei geschlossene magnetische Kreise und Folgepole. Jeder dieser Kreise spaltet sich im Ringanker, ebenso wie in der Trommel. Zu beiden Seiten der Mittellinie m m laufen die magnetischen Kreise, wie in Fig. 46 angedeutet. In Fig. 48 ist der Deutlichkeit halber nochmals, ohne die Körper der Schenkel, Polschuhe und des Ankers, die Verzweigung der beiden magnetischen Kreise schematisch gezeichnet.

Die Specialanordnung des magnetischen Feldes einer Gramme-

Practische Anordnung d. magnetischen Feldes d. Dynamomaschinen. 37

schen Maschine ist, wie die Fig. 49 u. 50 zeigen, principiell dieselbe, wie bei der Flachringmaschine. Wir haben auch hier Folgepole

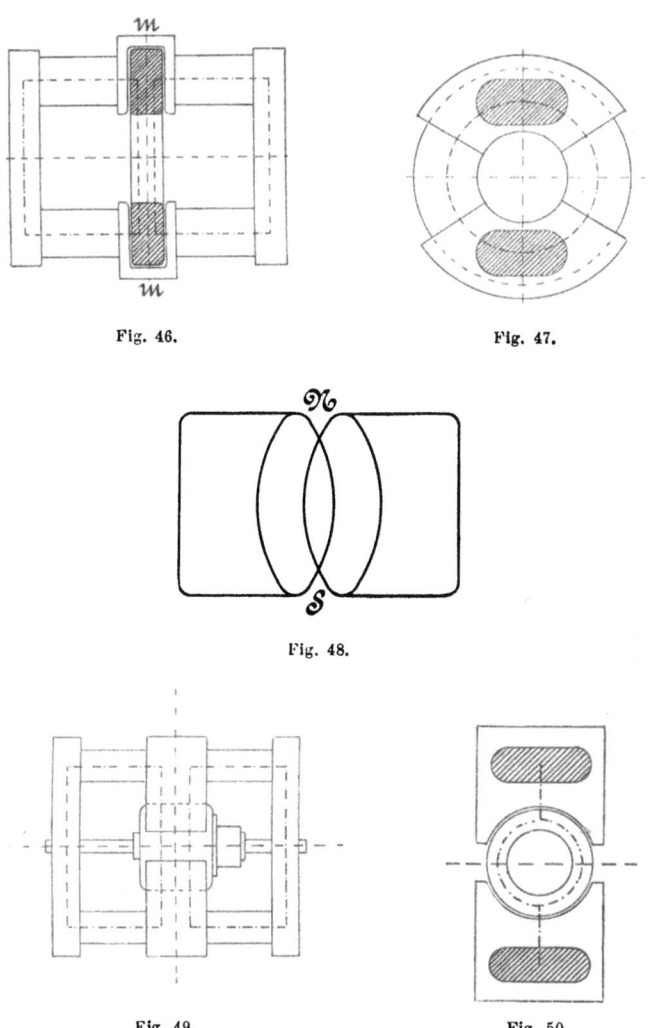

Fig. 46. Fig. 47.

Fig. 48.

Fig. 49. Fig. 50.

und die gleiche Spaltung der magnetischen Kreise innerhalb des Ankerkernes; als Unterschied ist nur zu bemerken, dass, wie bereits oben erwähnt, wegen der grösseren Uebergangsfläche, welche der

Gramme'sche Ring in seiner Achsenrichtung bietet, die Polschuhflächen auch senkrecht zu dieser angeordnet werden müssen.

Die Disposition der vielpoligen magnetischen Felder bei den Ringankermaschinen geht aus der in Fig. 51 gegebenen Principskizze hervor; ebenso der Verlauf und die Spaltung der magnetischen Kreise im Gestell, bezw. im Anker.

Als Beispiel für eine von den gewöhnlich üblichen Constructionen abweichende Disposition des magnetischen Feldes bei Ringankern gilt die in Fig. 52 gegebene Skizze einer Innenpolmaschine. Die abgebildete Maschine ist ein Modell der Firma Siemens & Halske, es ist eine vierpolige Maschine.

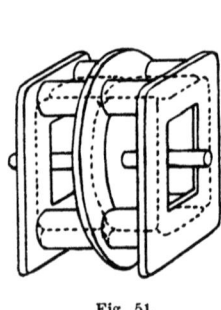

Fig. 51.

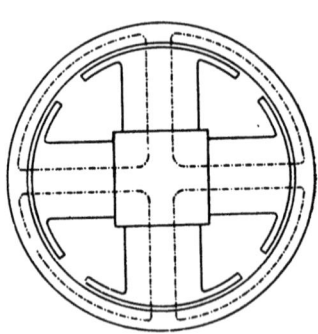

Fig. 52.

Das magnetische Feld ist, abweichend von dem sonst üblichen Brauch, statt ausserhalb innerhalb des Ringankers (hier ein Grammescher Ring) angeordnet.

Die Schenkel sind mit Polschuhen armirt, wodurch die Mittheilung der magnetischen Kreisstromgeschwindigkeit auf eine grössere Ankerdrahtlänge erzielt wird. Wie die Fig. 52 zeigt, ist der Verlauf der magnetischen Kreise, der von Pol zu Pol durch den Anker ohne Spaltung in dem letzteren stattfindet, der nämliche, wie bei der in Fig. 45 gegebenen 6 poligen Trommelmaschine.

Einzuschalten wäre hier, dass die Wicklung des Ankers derart ist, dass 4 Bürsten nothwendig sind, die Maschine ist also keine wirkliche vierpolige Maschine.

Es wäre schliesslich die Anordnung der magnetischen Felder der Scheibenankermaschine zu besprechen.

Practische Anordnung d. magnetischen Feldes d. Dynamomaschinen. 39

Die Scheibenanker sind aus den Flachringankern hervorgegangen, es ist also die principielle Anordnung der magnetischen Felder bei diesen dieselbe, wie bei der oben als Beispiel gewählten Flachringmaschine. Ein practischer Unterschied gegenüber der Sonderanordnung bei dieser Maschine gegen die Anordnung der magnetischen Felder der Scheibenmaschine ist nur der, dass die Polschuhe, welche den Flachring wie Kappen umfassen, fortfallen.

Um nun bei Scheibenmaschinen die magnetischen Kreise möglichst direct durch den Scheibenanker zu schliessen, werden dieselben meistens, wie in Fig. 53 angedeutet, als mehrpolige Maschinen (in dem oben gegebenen Doppelsinne natürlich) angeordnet.

Wie die Skizze zeigt, haben wir rechts und links von der Mittellinie des Scheibenankers gleichnamige Pole einander gegenüber stehen, mithin verlaufen auch im Scheibenanker neben einander zwei geschlossene magnetische Kreise.

Diese Gegenüberstellung gleichnamiger Pole ist bei den bisher gebauten Scheibenmaschinen theils durch die Wicklung des Ankers, theils durch wiederum von dieser bedingte constructive Rücksichten veranlasst.

Stehen, wie in Fig. 54 gezeichnet, ungleichnamige Pole einander gegenüber, so schliessen immer je 4 Pole, die Gestellwände und der dazwischen liegende Anker einen magnetischen Kreis, der allerdings 4 mal durch Luft unterbrochen wird. Die in Fig. 55 dargestellte Ansicht zu der in Fig. 54 skizzirten Maschine, zeigt, dass auch auf jeder Seite der Mittellinie des Ankers geschlossene magnetische Kreise zwischen den benachbarten Polen gebildet werden.

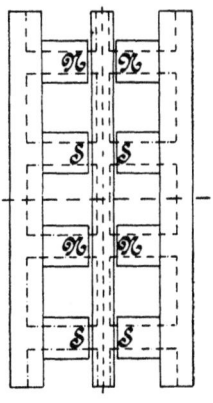

Fig. 53.

Ohne noch weitere Varianten der bereits beschriebenen Anordnungen von magnetischen Feldern zu besprechen, mag dieses Capitel mit einer ergänzenden Betrachtung über den „Anker" in seiner Eigenschaft als Theil des magnetischen Feldes, als Vermittler des Ueberganges der magnetischen Kreisströme von einem Pol zum andern, geschlossen werden.

Die Figg. 56 und 57 stellen einen Trommelanker in Ansicht und Schnitt dar.

40   Capitel V.

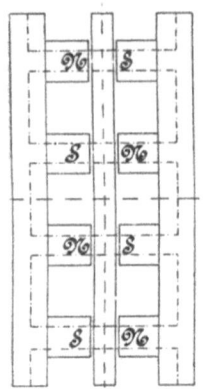 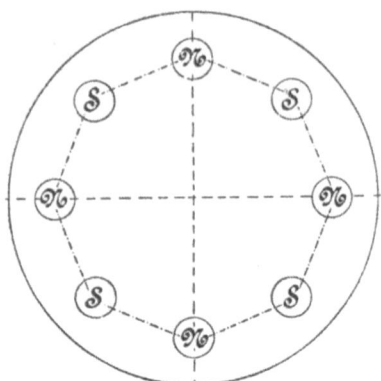

Fig. 54.   Fig. 55.

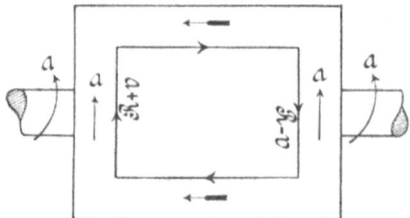

Fig. 56.

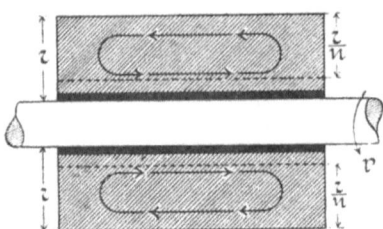

Fig. 57.

Practische Anordnung d. magnetischen Feldes d. Dynamomaschinen. 41

Wenn wir uns, wie in Fig. 56 angedeutet, aus den Polschuhen einen magnetischen Kreisstrom von der Geschwindigkeit R auf den Anker übergetreten denken, so wird in Folge der $(R + v)^2$ und $(R - v)^2$ entsprechenden elektromotorischen Kräfte in dem Eisen des Ankers, als einem elektrischen Leiter, ein elektrischer Strom in Richtung der gefiederten Pfeile entstehen. Dieser Strom findet im Innern des Ankereisens einen geschlossenen Kreis. Vergl. Fig. 57. Es werden, da meistens nur die oberen Schichten des Ankerkerns von $\frac{r}{n}$ Höhe für die Uebertragung der magnetischen Kreisströme von Pol zu Pol benutzt werden, die hier erzeugten elektromotorischen Kräfte Ströme bedingen, welche durch die in der Nähe der Rotationsachse befind-

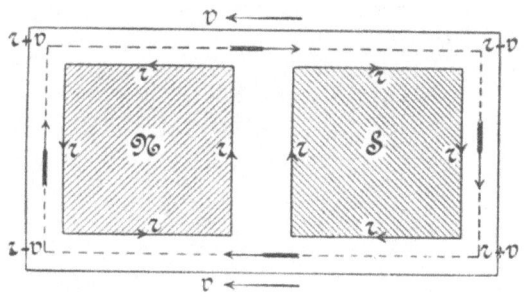

Fig. 58.

lichen Eisentheile gute Fortleitung finden. In Figur 58 ist der Mantel einer Trommel abgewickelt gezeichnet, die beiden Pole sind durch Schraffur markirt und sind die verschiedenen Kreisstromrichtungen durch Pfeile angedeutet. Bei der angenommenen Bewegungsrichtung v ergeben sich die beiden seitwärts durch gefiederte Pfeile markirten Stromrichtungen. Besteht der Ankerkern aus massivem Eisen, so werden in demselben für elektrische Ströme geschlossene Stromkreise entstehen, wie durch punktirte Linien angedeutet. In den in Fig. 57 und 58 gezeichneten Stromkreisen kann die Stromstärke des geringen Widerstandes wegen sehr stark anwachsen, also den Ankerkern erwärmen, mithin auch unter Umständen eine grosse mechanische Arbeit absorbiren.

Diese sogenannten Foucault'schen Ströme innerhalb des Eisenkörpers eines Ankers werden durch nachstehend beschriebene Anordnung vermieden, oder vielmehr auf das bescheidenste, practisch unschädliche Mass beschränkt.

Die elektromotorische Kraft, welche ein magnetisches Feld bestimmter Intensität in einem Leiter erzeugt, ist der Länge des Leiters proportional.

Bauen wir nun den Eisenkern eines Ankers statt aus einem Stücke aus einzelnen von einander isolirten Theilen, z. B. den oben besprochenen Trommelanker aus lauter sehr dünnen Blechscheiben, die durch Papier oder dergleichen isolirt sind, wie in Fig. 59 dar-

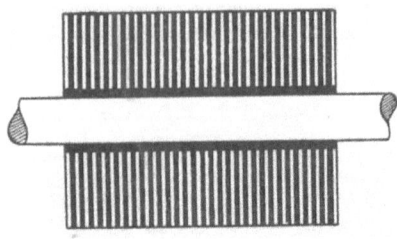

Fig. 59.

gestellt, so können offenbar nur sehr geringe elektromotorische Kräfte erzeugt werden, weil die Länge L des Leiters (Dicke des Bleches, in praxi 0,5 mm) zu unbedeutend ist.

In der Praxis werden die Ankerkörper entweder aus schmiedeeisernen Blechscheiben, Bändern oder Drähten hergestellt. Es ist nach unserer Anschauung und nach den oben gegebenen Betrachtungen klar, dass die Zerlegung des massiven Körpers nicht in der Weise geschehen darf, dass dadurch dem Uebertritt der unendlich kleinen Kreisströme Hindernisse entgegentreten. Beispielsweise dürfen wir den Kern des Trommelankers nicht aus lauter in einander geschobenen Cylindern, die abwechselnd aus Eisen und Papier hergestellt sind, aufbauen.

Capitel VI.
Die practischen Ankerwicklungen.

Die practische Wicklung der Dynamomaschinen-Anker wird bei Beobachtung aller im Capitel

„Grundbedingungen für die Entstehung von Gleichströmen in Folge der in den Leitern inducirten elektromotorischen Kräfte."

dafür gegebenen Regel eine sehr verschiedene sein und zwar wegen der eigenartigen, im vorigen Capitel besprochenen Anordnungen der magnetischen Felder.

Wir gelangten bei Betrachtung der Grundbedingungen für die Schemata der Ankerwicklungen zu 3 Grundtypen, nämlich: zu den spiralig fortlaufenden Schleifen des Ringankers und den knäuelartig aufgewickelten Windungen des Trommelankers und schliesslich zu der eigenartigen Wellenwicklung.

Mit Rücksicht auf die Anordnung der magnetischen Felder erhalten wir nunmehr eine neue Eintheilung der practischen Ankerwicklungen. Die zwei Hauptgruppen sind: die zweipoligen Ankerwicklungen und die vielpoligen Ankerwicklungen.

Ehe nun die einzelnen practischen Ankerwicklungen beschrieben werden, bei welcher Darstellung, um nicht undeutlich zu werden, nur schematische Zeichnungen derselben gegeben werden, soll zunächst aus dem Schema Fig. 24 für die Verzweigung des inneren Stromkreises einer zweipoligen Wicklung dasjenige einer vielpoligen, oder richtiger diejenige der beiden Arten vielpoliger Maschinen construirt werden.

In Fig. 60 ist das Verzweigungsschema Fig. 24 reproducirt, wonach sich der innere Stromkreis in zwei parallele Zweige spaltet.

Bei den sogenannten vielpoligen Maschinen, d. h. bei n Polen, $\frac{n}{2}$ parallel geschalteter zweipoligen Maschinen erhalten wir offenbar das richtige Schema für die Verzweigung des inneren Stromkreises, wenn wir Schema Fig. 60 (bez. 24), wie in Fig. 61 gezeichnet, vervollständigen. Fig. 61 giebt das Verzweigungsschema einer sogenannten 6 poligen Gleichstrom-Maschine, d. h. dreier parallel geschalteter zweipoliger Maschinen.

Der innere Stromkreis einer wirklichen vielpoligen Maschine wird sich offenbar nur in zwei parallele Zweige spalten dürfen, da wir nur eine Maschine haben; es gilt also für diese ohne weiteres das Verzweigungsschema Fig. 60.

Die Schaltungsschemata, welche den in Fig. 29, 30, 31 gegebenen Schemata für die zweipoligen Maschinen entsprechen, sind bezüglich der sogenannten und der wirklichen vielpoligen Maschinen durch die obige Betrachtung ebenfalls gegeben. Für die sogenannten vielpoligen Maschinen werden die Schemata Fig. 29 und 30 mit den Spiralenschleifen und den Knäuelschleifen einfach vervielfältigt. Für die wirklichen vielpoligen Maschinen kommen diese beiden Schemata gar nicht in Frage kommen, sondern nur das Wellenwicklungsschema

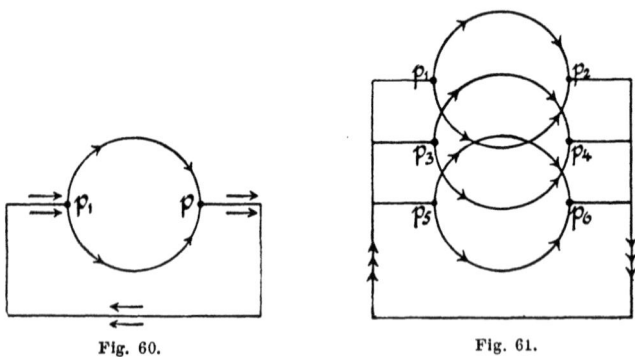

Fig. 60.   Fig. 61.

Fig. 31, welches allerdings die Verwirklichung des Verzweigungsschemas Fig. 24 für vielpolige Maschinen ermöglicht.

Unter diesen beiden Hauptgruppen, den zwei- und vielpoligen, finden wir im Allgemeinen die gleichen practischen Wicklungsarten vertreten, die in der nachstehenden Reihenfolge besprochen werden, dass erst die Ringanker-, dann die Trommelanker- und schliesslich die Scheibenankerwicklungen erledigt werden.

Der Kern des Paccinotti'schen Ringankers ist, wie wir gesehen haben, ein eiserner Ring, ein Gramme'scher Ring oder ein Flachring von rundem, ovalem oder rechteckigem Querschnitt. Die practische Bewicklung dieses Ringes ist die directe Verwirklichung des in Fig. 29 im Capitel III gegebenen Schaltungsschemas.

Es ist ein endloser isolirter Leiter zu einer den Ringkern von meist rechteckigem Querschnitt umfassenden Spirale aufgewickelt.

Die practischen Ankerwicklungen. 45

Fig. 62 zeigt diese Bewicklung, bei welcher in Wirklichkeit auf dem ganzen Umfange des Ringes die Drähte eng aneinander liegen. Die Schleifen sind entweder nach ein- oder nach mehrmaligem Umgang um den Kern mit den Commutatorsegmenten verbunden. Wie wir aus Capitel IV wissen, ist jedoch die Zahl dieser Umgänge durch die zwischen zwei benachbarten Segmenten zulässige Differenz der elektromotorischen Kräfte begrenzt.

Um die Ringankerwicklungen, welche sehr wenig Bemerkenswerthes bieten, ein für alle Mal zu erledigen, ist hier die Skizze für die Bewicklung eines vielpoligen Ankers (d. h. vielpolig im beschränkten Sinne) gegeben.

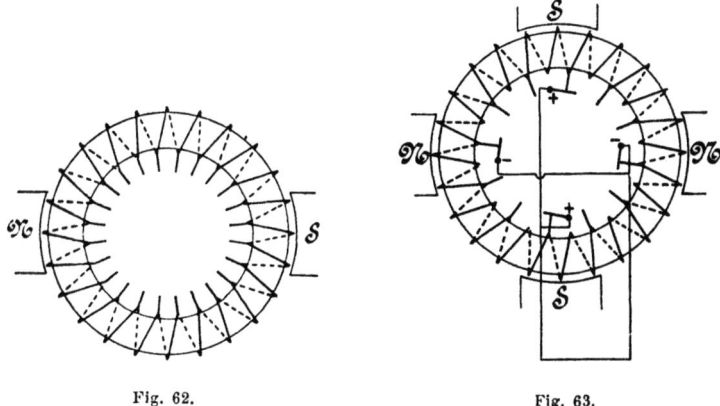

Fig. 62. Fig. 63.

Fig. 63 zeigt das magnetische Feld aus 4 Polen gebildet, die am Umfang des Ringes abwechselnd gruppirt sind. Diese Anordnung bedingt, wenn der Ring wie in der Praxis stets nach dem Schaltungsschema Fig. 29 bewickelt wird, für die beiden parallel geschalteten Maschinen je zwei, also vier Abnahmestellen bezw. Bürsten.

Will man nur zwei Bürsten oder zwei Abnahmestellen anordnen, so kann man dies bei den vielpoligen Ringankerwicklungen entweder durch eigenartige Führung von Verbindungsdrähten zwischen den Schleifen und den Commutatorsegmenten oder durch eine besondere Commutator-Construction erreichen.

Fig. 64 u. 65 zeigen die beiden möglichen Anordnungen schematisch. In Fig. 64 sind längere oder kürzere Drähte zu den Commutatorsegmenten geführt, in Fig. 65 wird die Verbindung der letz-

46 Capitel VI.

teren mit den Schleifen durch übereinander geschobene Ringe vermittelt.

Die practische Wicklung von Trommelankern, vergl. Schaltungs-

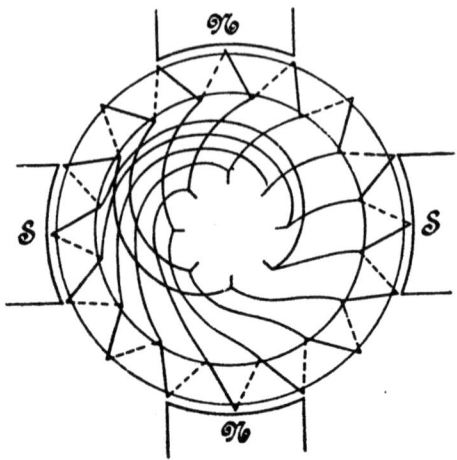

Fig. 64.

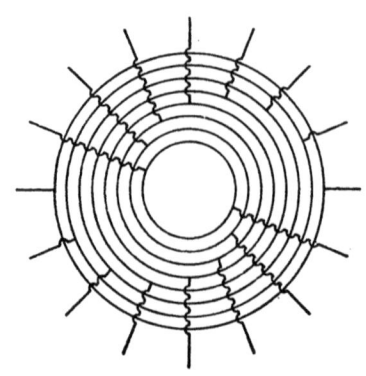

Fig. 65.

schema Fig. 30, ist im Vergleich zur Ringankerwicklung nicht so leicht auszuführen.

Legen wir die Stäbe der Fig. 30 auf den Mantel des Trommelankers parallel zur Axe desselben und führen die im Schema punktirten Verbindungsdrähte über die beiden Stirnflächen, so haben

Die practischen Ankerwicklungen. 47

wir ohne weiteres die practische Ausführung der Knäuelwicklung des Trommelankers.

Die beiden parallel liegenden Gruppen hintereinander geschalteter Stäbe, welche unser Schaltungsschema Fig. 30, welches hier nochmals Fig. 66 abgebildet ist, nicht scharf auseinander hält, sind in dem perspectivischen Bilde Fig. 67 durch ausgezogene und punktirte Linien markirt.

Der endlose Draht windet sich in zwei Knäuellagen, die übereinander oder nebeneinander liegen können, um die Trommel. Um die Wicklung schematisch zu erklären, sind die Drähte der beiden

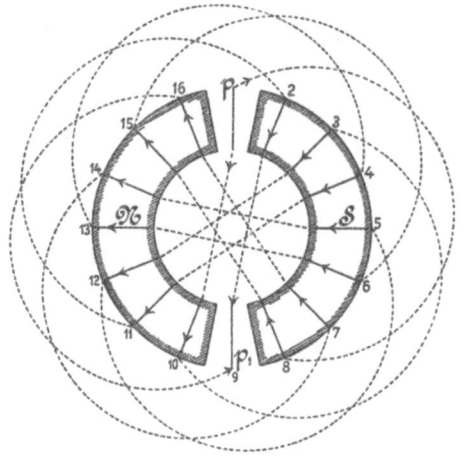

Fig. 66.

Knäuellagen in Fig. 67 nebeneinander liegend gedacht. Es liegen auf der einen Hälfte des Mantels die punktirten Stäbe rechts neben den ausgezogenen, auf der anderen Hälfte links von ihnen.

Die Fig. 67 lässt ausser der Führung des endlosen Drahtes um den Cylinder auch die Anordnung des Commutators erkennen, welche für die Trommelankerbewicklung hier noch erläutert werden soll.

Damit stets die Parallelschaltung der beiden Gruppen oder Lagen, wie wir sie hier genannt haben, zwischen den Abnahmestellen (Bürsten) aufrecht erhalten wird, muss die eine Lage an die

48   Capitel VI.

Commutatorsegmente eines Halbkreises, die zweite an die des anderen Halbkreises angeschlossen sein. In welcher Weise dies in der Praxis durch alle auf der einen (vorderen Commutatorseite) Stirnfläche liegenden Verbindungsdrähte geschehen, zeigt die Fig. 67. Vergleichen wir diese Figur mit dem Schema Fig. 66, so sehen wir, dass die Abnahmestellen bei ersterem um 90° gegen die bei letzterem gezeichnete Anordnung verschoben sind.

Die Veranschaulichung einer Trommelankerbewicklung mit Hilfe eines in einer Ebene darstellbaren verzerrten Bildes hat den Nach-

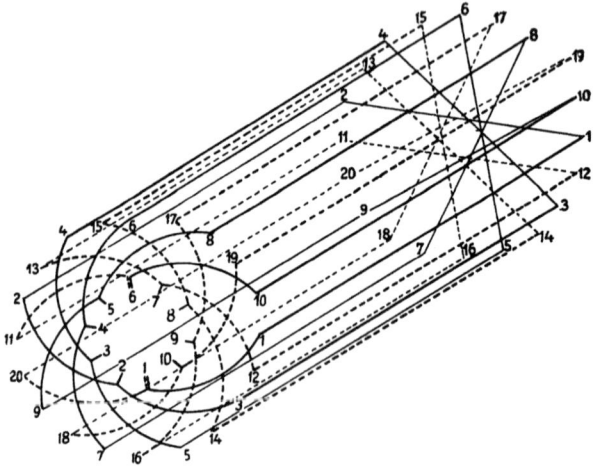

Fig. 67.

theil, dass es unklar wird, wenn es sich um Darstellung wirklicher voll bewickelter Trommeln handelt. Auch die Darstellung der wirklichen Trommelbewicklung lediglich durch Angabe der Lage der Drähte auf den beiden Stirnflächen lässt zu wünschen übrig, wie das Schema Fig. 68 zeigt.

Aus diesem Grunde hat der Verfasser schon früher eine einfache Methode*) zur Darstellung complicirter Ankerwicklungen aller Art angegeben, welche zunächst auf die Wicklung des Trommelankers angewendet werden soll.

---

*) Siehe Centralblatt für Elektrotechnik 1887 Seite 648.

Die practischen Ankerwicklungen. 49

Ein einfaches geometrisches Schema erhalten wir, wenn wir den Mantel der Trommel abrollen und in die Papierebene ausgebreitet denken.

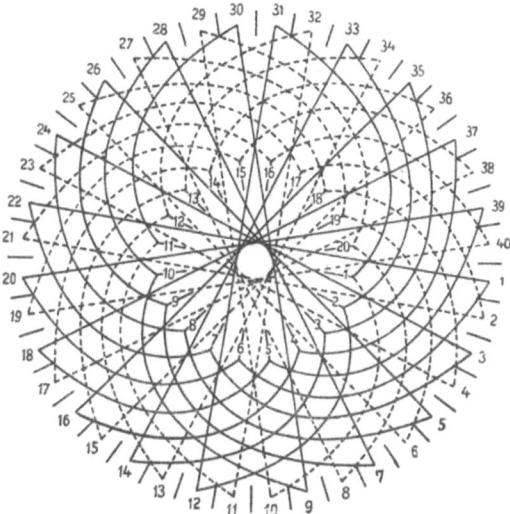

Fig. 68.

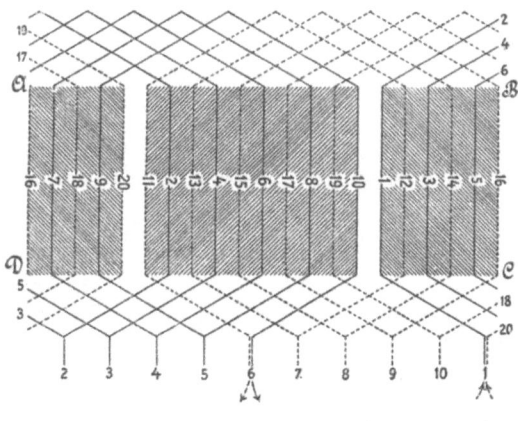

Fig. 69.

In Fig. 69 ist dies geschehen, das mittlere Rechteck A B C D repräsentirt den Trommelmantel, auf welchem die einzelnen Stäbe

Fritsche, Gleichstrom-Dynamomaschine. 4

in gleichen Abständen parallel nebeneinander liegen, die Stäbe sind ebenso wie in Fig. 67 numerirt.

Die über die Stirnflächen als Sehnen gezogenen Verbindungsdrähte, welche gleichzeitig die Verbindung der einzelnen Schleifen mit den Commutatorsegmenten herstellen, sind in Fig. 69 durch gebrochene Linien dargestellt. Von der Richtigkeit der Schaltung können wir uns nach diesem Bilde jeden Augenblick überzeugen, indem wir die schleifenden Contacte auf den Strichen, welche die Commutatorsegmente bedeuten, verschieben.

Ein Vortheil dieser schematischen Darstellung, die einfache geometrische Figur, dürfte ohne weiteres einleuchten, besonders wichtig ist jedoch der Vorzug, dass man die Lage der Pole (durch Schraffur markirt) und mithin auch ihren Einfluss sehr übersichtlich veranschaulichen kann, somit auch ein einfaches Mittel zur Bestimmung der wirksamen Ankerdrahtlänge hat.

Ergänzend mag hier erwähnt sein, dass uns die Fig. 69 nicht lediglich eine neue in verschiedener Richtung vortheilhafte schematische Darstellung der längst bekannten von Hefener-Alteneck' schen Wicklung giebt, sondern sie weist auch auf die Ausführbarkeit der ganzen Bewicklung lediglich auf den Mantel der Trommel hin.

Wir brauchen hierzu nur das Schema auf einen Cylinder aufzurollen, haben also nur nach Biegung des Drahtes oder Kröpfung der Stäbe diesem Schema gemäss für eine geeignete Befestigung der Drahtlagen zu sorgen[1]).

Die nächste Aufgabe wäre nun die Besprechung der vielpoligen Trommelankerwicklung, d. h. zunächst derjenigen für die sogenannten vielpoligen Maschinen.

Zur Lösung dieser Aufgabe dient uns selbstverständlich die Darstellung auf dem abgerollten Trommelmantel. Fig. 70 stellt die Wicklung einer vierpoligen Maschine nach Mordey dar, wir erkennen leicht, dass alle Schleifen so gelegt sind, dass sie durch zwei benachbarte ungleichnamige Pole gehen, es ergeben sich also zwei mal zwei durch 4 Bürsten parallel geschaltete Verzweigungen des inneren Stromkreises, wir haben zwei parallel geschaltete Maschinen.

---

[1]) Der Verfasser hat während seiner Thätigkeit bei der Allgemeinen Elektricitäts-Gesellschaft Ankerwicklungen auf diese Weise aus hochkant gestellten Stäben ausführen lassen.

Die practischen Ankerwicklungen. 51

In der Praxis finden wir vielpolige Trommelmaschinen mit der Knäuelwicklung selten, der Grund dafür dürfte in der Schwierigkeit zu suchen sein, welche die exacte Ausführung der beschriebenen Wicklung bietet. Weit geeigneter für vielpolige Trommelanker ist, abgesehen von ihrer sonstigen Bedeutung, die nach dem Schaltungsschema Fig. 31 practisch ausgebildete Wellenwicklung.

Diese Wellenwicklung, deren Principien nun eingehend erläutert werden sollen, und zwar in ihrer Bedeutung für Trommelanker und Scheibenanker, ist dem Verfasser patentirt[1]).

Das Schaltungsschema Fig. 31 ist in Fig. 71 reproducirt, wir sehen, wie schon hervorgehoben, dass die punktirten „verbindenden"

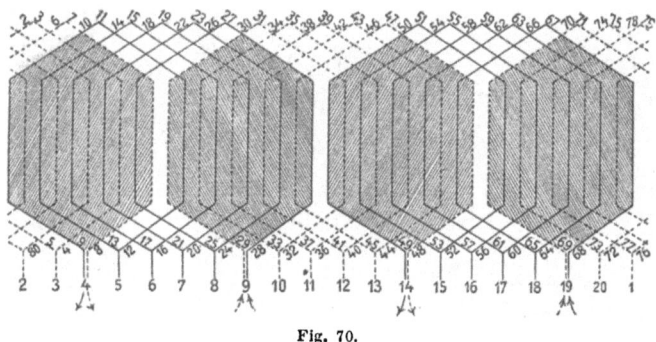

Fig. 70.

Drähte nicht wie beim Aufwickeln eines Knäuels nach einer Richtung gewickelt sind, sondern dass die Wicklungsrichtung stets abwechselt. Sehr klar tritt diese Wicklungsweise hervor, wenn wir uns die practische Ankerbewicklung einer Trommel in derselben Weise, wie in den Figg. 69 und 70 geschehen, auf dem abgewickelten Cylindermantel darstellen.

Fig. 72 zeigt die Ausführung der Wellenwicklung auf einem zweipoligen Trommelanker; verfolgen wir beispielsweise den Stab 4. Vom Commutatorsegment 3 ausgehend ist derselbe über die Stirnfläche der Trommel gelegt, dann parallel der Achse über die Trommel geführt, statt jetzt jedoch, um in das Bereich des nächsten Feldes zu gelangen, eine Schleife bildend, umzukehren, ist der Stab nach

---

[1]) Patent Fritsche. DRP. No. 45808.

4*

52   Capitel VI.

rechts über die andere Stirnfläche gezogen und in Stab 3 fortgesetzt, welcher auf dieselbe Weise wie Stab 4 an das Commutatorsegment 2 gelangt.

Es ist, wie das Schema Fig. 71 zeigt, also mit der Wellen-

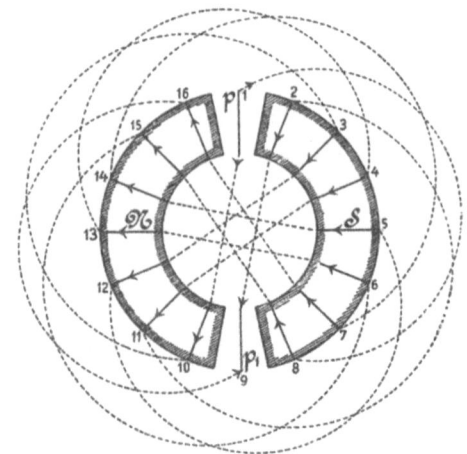

Fig. 71.

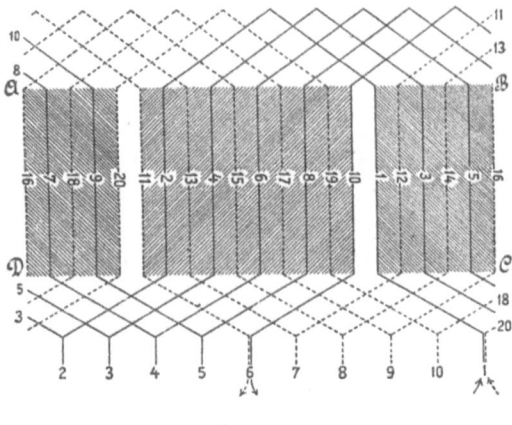

Fig. 72.

wicklung dasselbe erreicht, wie mit der Schleifen- oder Knäuelwicklung von v. Hefener-Alteneck, für die zweipolige Maschine freilich nur dasselbe, also nicht mehr; für den Bau wirk-

Die practischen Ankerwicklungen. 53

licher vielpoliger Maschinen dagegen ein ganz wesentlicher Vortheil.

Die Bedeutung der Wellenwicklung „Patent Fritsche" für die vielpoligen Maschinen ist eine zweifache, sie darf sowohl in rein theoretischer Hinsicht, als in practischer Beziehung als eine Erweiterung auf dem Gebiete des Dynamomaschinenbaues angesehen werden.

In theoretischer Beziehung ist die Wellenwicklung von Bedeutung, weil sie überhaupt den Bau von wirklichen vielpoligen Maschinen gestattet, in practischer Beziehung, weil sie, wie wir gleich sehen werden, die Ausführbarkeit der Wicklung wesentlich vereinfacht.

Die Fig. 73 zeigt uns das Schema eines wirklichen vierpoligen Dynamomaschinenankers. Die Wicklung wird gemäss der beschrie-

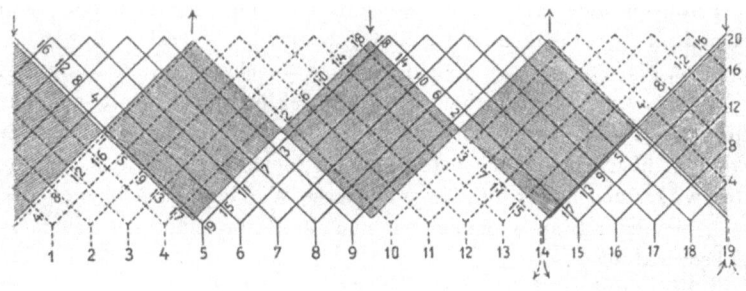

Fig. 73.

benen Wellenwicklung nach einander durch alle vier Pole geführt, was einmal für die Erhöhung der elektromotorischen Kraft sehr wichtig ist (bei Bestimmung der wirksamen Ankerdrahtlänge kommen wir hierauf zurück) und ferner die Stromabnahme an nur zwei Stellen ermöglicht.

Wir haben thatsächlich nur zwei parallel geschaltete Zweige im inneren Stromkreis.

Der Vortheil nur zwei statt 4, 6, 8, ja 12 Bürsten nöthig zu haben, leuchtet ohne weiteres ein.

Welche Wichtigkeit die Neuerung für die practische Ausführung der Wicklung selbst hat, zeigt folgende Betrachtung:

Die Schwierigkeiten, welche die Bewicklung von Trommelankern mit Drähten oder bei grossen Maschinen mit Stäben hat, sind zur Genüge bekannt, besonders schwierig ist natürlich die Führung der

Drähte über die Stirnflächen. Es musste deshalb schon als ein Vortheil anerkannt werden, als der Verfasser, wie oben erwähnt, eine Wicklung nach dem Schema Fig. 69 aus zweimal gekröpften Stäben lediglich auf dem Mantel eines Cylinders ausführen liess[1]). Da jedoch die Kröpfung der Stäbe nach Schablonen erfolgen muss und ziemlich umständlich und theuer ist, so liegt es nahe, eine weitere Vereinfachung der Wicklung zu versuchen.

Diese Vereinfachung ist, wie ein Blick auf unser Schema Fig. 72 zeigt, erreicht, wenn wir die einzelnen gekröpften Stäbe zu geraden Stäben ausrecken, so dass wir das Schema 73 erhalten.

Rollen wir das Schema Fig. 72 auf eine Trommel auf, so laufen die nicht parallel der Achse liegenden Theile der Stäbe einer Gruppe als Schraubenlinien in gleichem Sinne um die Trommel, nämlich als Linksgewinde.

Ziehen wir, wie jedenfalls einfacher, den geraden Weg dem winkligen vor, recken die Stäbe also gerade, so erhalten wir das Schema Fig. 73, welches für eine 4polige Maschine vervollständigt ist.

Der eminente Vortheil dieser Wicklungsweise tritt so sehr hervor, dass es nicht nöthig ist, hierbei länger zu verweilen, wir werden überdies im nächsten Capitel nochmals bei Bestimmung der wirksamen Ankerdrahtlänge auf diese Wicklung zurückkommen[2]).

In letzter Linie kommen wir nun zur Besprechung der Scheibenankerwicklungen.

Die wenigen bis jetzt ausgeführten Scheibenmaschinen haben modificirte Flachringanker, die Wicklung derselben ist eine Schleifenwicklung und bietet gegenüber der besprochenen Ringwicklung nichts Characteristisches.

Die Scheibenanker werden meistens für sogenannte vielpolige Maschinen gebaut, und hat man auch wohl versucht, dieselben ohne Kern herzustellen. Als Beispiel einer Scheibenankerwicklung diene die in Fig. 74 gezeichnete Frick'sche Wicklung. Diese Wicklung ist aus der Patentschrift No. 3147 entnommen, es ist nicht bekannt geworden, ob Maschinen nach derselben ausgeführt sind. Interesse

---

[1]) So wurde z. B. nach den Angaben und Zeichnungen des Verfassers eine Edison-Hopkinson-Maschine von Mather & Platt durch die Firma Siemens & Halske umgebaut.

[2]) Grössere Maschinen mit dieser Wicklung hat meine Firma „Fritsche & Pischon" mehrfach ausgeführt; siehe Fig. 45, S. 35.

Die practischen Ankerwicklungen. 55

hat die Wicklung deshalb, weil bei derselben die Schleifen, welche der endlose Draht bildet, nicht innerhalb je zweier Pole liegen, sondern wie bei der Wellenwicklung des Verfassers durch alle Pole gehen. Der characteristische Unterschied zwischen dieser Wicklung und der des Verfassers ist jedoch der, dass zur Stromabnahme eine besondere Commutatorconstruction, ähnlich wie oben bei dem

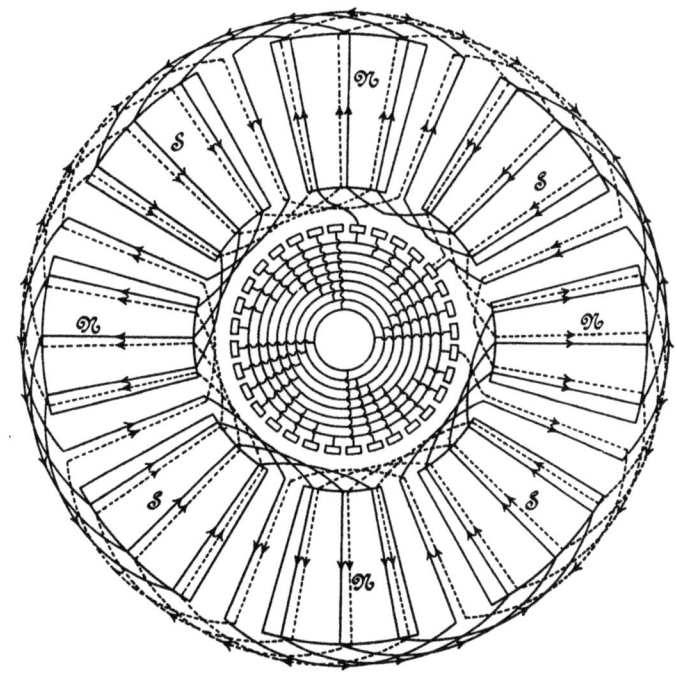

Fig. 74.

Gramme'schen Ring besprochen und in der Fig. 65 dargestellt, erforderlich ist, es läuft nämlich die Bewicklung nicht bis zum Anfangspunkt zurück, sondern die beiden Enden liegen hier bei der abgebildeten achtpoligen Maschine um 45° auseinander.

Einen Scheibenanker mit Wellenwicklung zeigt Fig. 75. Das Schema dieser Wicklung, das mit unter das Patent des Verfassers fällt, entsteht sofort, wenn wir das Schema Fig. 73, für acht Pole vervollständigt, statt auf einen Cylinder aufzurollen, hochkant auf eine Scheibe legen. Auch hier zeigt sich der Vortheil der Wellenwicklung gegenüber den bekannten Wicklungsarten. Das Schema Fig. 75 giebt, direct aus geraden Stäben verwirklicht, einen gitterartigen Anker, der an sich Stabilität genug besitzt, um ohne Kern ausgeführt werden zu können.

Fig. 75.

Da es ferner möglich ist, nach der neuen Wicklungsweise einen Scheibenanker zu bauen, der flach genug ist, um zur Vermittlung des Uebertrittes der magnetischen Kreisströme von Pol zu Pol des Ankerkernes zu entbehren, so ist die wesentliche constructive Schwierigkeit, welche der Verbreitung von Scheibenmaschinen im Wege stand, gehoben. Der Verfasser hat die Stäbe der Ankerwicklung aus Eisen gefertigt und ist hierdurch noch einen Schritt weiter in der Vervollkommnung der Scheibenmaschinen gegangen. Auf Grund der patentirten Wicklung mit Anwendung von Eisenstäben ist die Rad-Anker-Dynamomaschine entstanden.

Capitel VII.
Bestimmung der wirksamen Ankerdrahtlänge bei den practischen Ankerwicklungen.

Aus unseren Betrachtungen über die Schaltungsschemata Fig. 29, 30 u. 31 im Capitel III sowohl, wie der practischen Wicklungsarten von Ankern im letzten Capitel geht hervor, dass nicht die ganze auf den Ankerkörper gewickelte Leiterlänge zur Erhöhung der elektromotorischen Kraft beiträgt.

Die Summe der hintereinander geschalteten Drähte oder Stäbe einer Gruppe der Ankerwicklung, welche thatsächlich, gemäss ihrer Lage im magnetischen Felde, zur Erhöhung der gesammten elektromotorischen Kraft beiträgt, wollen wir die wirksame Ankerdrahtlänge nennen und sie in Zukunft stets mit L bezeichnen. Die Bestimmung dieser Grösse L ist an sich schon einfach, sie wird jedoch mit Hilfe der im vorigen Capitel gegebenen Methode zur Darstellung der practischen Ankerwicklung sehr erleichtert.

Die allgemeinen Grundsätze, nach denen die Bestimmung der wirksamen Ankerdrahtlänge zu erfolgen hat, sollen nachstehend an einigen Beispielen erläutert werden.

Allgemein für alle Wicklungen ist in erster Linie zu berücksichtigen, dass die von uns so bezeichneten „verbindenden Drähte" von der aufgewickelten Leiterlänge in Abzug kommen müssen, da sie ausserhalb des magnetischen Feldes liegen. Diese allerdings unentbehrlichen Drähte sind für die Erhöhung der elektromotorischen Kräfte nutzlos, sie vergrössern nur den Widerstand der Anker, es soll also die Summe ihrer Länge möglichst gering sein.

Ermitteln wir zunächst die wirksame Ankerdrahtlänge beim Paccinotti'schen Ringanker. In dem Capitel V bei Betrachtung der magnetischen Felder haben wir gesehen, wie sich die Spiralen der magnetischen Kreisströme durch den Ringkern ziehen.

Es kommen dementsprechend, wenn die Polschuhe aussen um den Ringanker gruppirt sind, nur die lediglich am äusseren Umfang zwischen Polschuh und Kern liegenden Drähte der gesammten Bewicklung in Frage, also die Drähte, welche der Polschuh deckt (vergl. Fig. 76—77).

Bei der in Fig. 76—77 gezeichneten Anordnung der Polschuhe, wo also beispielsweise bei rechteckigem Querschnitt des Ringkernes nur eine Seite des Umfanges für die wirksame Ankerlänge massgebend ist, wird das Verhältniss dieser thatsächlich in einer Gruppe hintereinander geschalteter Drähte zur verwendeten Länge ein ungünstiges, selbst wenn der Polschuh, wie hier gezeichnet, fast die ganze Hälfte des Ringes umfasst.

Aus diesem Grunde hat man, besonders bei den Flachringmaschinen die Uebergangsfläche der Kreisströme, wie in Fig. 78—79 angedeutet, vergrössert, indem man den Umfang des Ringkernes möglichst durch den Polschuh einhüllte.

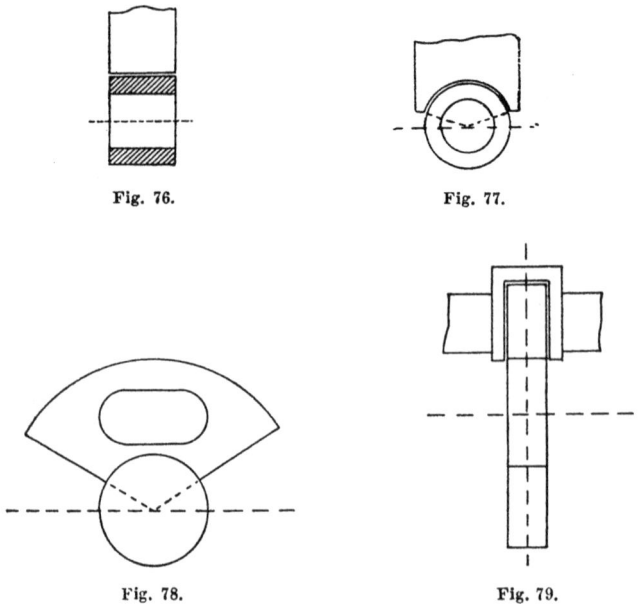

Fig. 76. Fig. 77.

Fig. 78. Fig. 79.

Von der im magnetischen Felde, also zwischen Polschuh und Anker liegenden Summe kommen noch in Abzug diejenigen Stäbe oder Theile der Wicklung, welche durch eine, zwei Commutatorsegmente deckende Bürste aus der Hintereinanderschaltung ausgeschlossen werden. Vergl. Cap. IV.

Ferner fragt es sich, wie liegen die Drähte zu ihrer Bewegungsrichtung. Diese Frage ist erledigt, denn wir haben gesehen, dass der Sinus des Winkels, den die Bewegungsrichtung mit der Drahtlage bildet, für die erzielte elektromotorische Kraft massgebend ist.

Bestimmung der wirksamen Ankerdrahtlänge. 59

Erwähnt muss hier werden, dass die wirksame Ankerdrahtlänge dadurch etwas vergrössert wird, dass in der nächsten Umgebung der Pole die gewissermassen expandirenden magnetischen Kreisströme auch auf die Leiter einwirken, welche nicht unmittelbar von den Polschuhen gedeckt werden.

Für die Vorausbestimmung von Dynamomaschinen sollte man jedoch bei Bestimmung der wirksamen Ankerdrahtlänge derartige immerhin unsichere Annahmen nicht berücksichtigen.

Bei den Trommelankern gelten natürlich dieselben Grundsätze für Bestimmung von L, die wir eben erläutert haben.

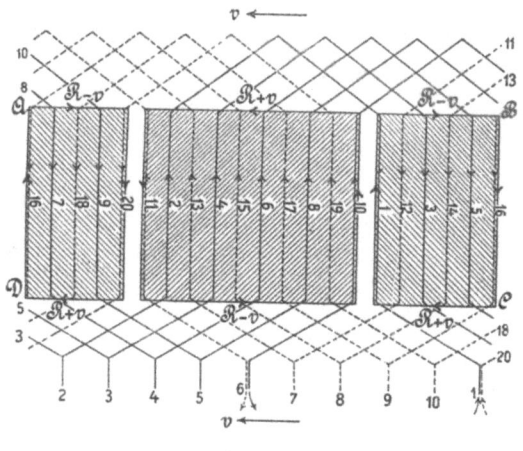

Fig. 80.

Ohne eine Wiederholung derselben zu geben, soll nur gezeigt werden, wie mit Hilfe unserer Methode, die Ankerwicklung in einer Ebene, auf dem abgerollten Cylindermantel darzustellen, auch gleich eine Methode zur leichten Ermittelung der wirksamen Ankerdrahtlänge gegeben ist.

In Fig. 80 ist das Schema der Trommelankerwicklung nochmals wiedergegeben; es sind hier jedoch um die schraffirten Pole die Kreisströme gezeichnet, welche die sie erfüllenden unendlich vielen magnetischen Kreisströme ersetzen.

Um den Südpol ist ein mit Richtung der Zeigerbewegung der Uhr verlaufender Kreisstrom eingezeichnet, um den Nordpol ein in entgegengesetzter Richtung laufender Kreisstrom.

Capitel VII.

Diese Darstellung giebt uns ohne weiteres das Mittel, mit Hilfe einer graphischen Construction die wirksame Ankerdrahtlänge zu finden. In Fig. 80 deuten die Pfeile v für die Bewegungsrichtung und die nummerirten Pfeile für die Stromrichtung, bezw. Richtung des Anwachsens der elektromotorischen Kraft, die inneren Vorgänge im Anker. Auf Grund unserer früheren Betrachtungen finden wir für jeden einzelnen Stab die Stromrichtung, wir sehen auch deutlich, dass alle über die Stirnfläche gezogenen Leitertheile lediglich „verbindende Drähte" sind.

Unser Schema (Fig. 24) für die Spaltung der beiden Stromzweige im inneren Stromkreis dient uns ohne weiteres für die graphische Darstellung des Anwachsens der elektromotorischen Kräfte, die natürlich gleichzeitig die Bestimmung der wirksamen Ankerdrahtlänge einschliesst.

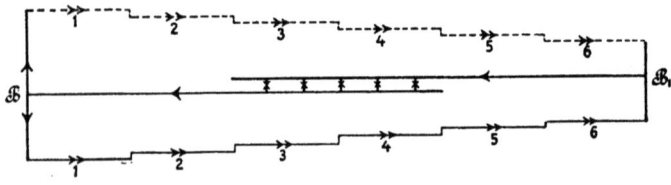

Fig. 81.

Haben wir uns ein magnetisches Feld, gleichviel ob es homogen ist, oder ein practisches magnetisches Feld durch einen den Umfang der Uebergangsfläche umlaufenden Kreisstrom ersetzt, so erhalten wir eine graphische Darstellung der Erhöhung der elektromotorischen Kraft wie folgt:

Wir tragen von der einen oder anderen Bürste ausgehend in unserem Schaltungsschema Fig. 24 die Längen der einzelnen Drähte oder Stäbe auf, welche in der vom Kreisstrom umfassten Fläche liegen, etwa in der Weise, wie in Fig. 81 geschehen ist*).

Es liegt auf der Hand, dass man unter Berücksichtigung unserer Formel:

$$E = \frac{4 \, R \, v \, L \, \sin \beta}{10^8}$$

den Maassstab so wählen kann, dass man direct die elektromotorische Kraft in Volt durch die graphische Construction erhält.

---

*) In Fig. 81 sind beispielsweise nur 6 Stäbe addirt.

Bestimmung der wirksamen Ankerdrahtlänge. 61

Die eben erläuterte Methode der graphischen Darstellung hat allgemeine Gültigkeit, sowohl für zweipolige, wie für vielpolige Maschinen, also für alle Ankerwicklungen. Ist nicht wie bei der Trommelankerwicklung die Richtung der Bewegung senkrecht zur Drahtlage, sondern z. B. wie bei der Wellenwicklung des Verfassers geneigt, so kommt, wie in Fig. 82 beispielsweise an der Wicklung einer vierpoligen Maschine mit Wellenwicklung gezeigt wird, statt der Länge l, die in der Uebergangsfläche liegt, die Länge l sin β zur Geltung.

Da bei dieser Gelegenheit nochmals ein Schema der Wellenwicklung abgebildet ist, möge hier gleich eine durch alle voraufgegangenen Betrachtungen indirect mehrfach beantwortete, aber noch nicht direct berührte Frage erledigt werden.

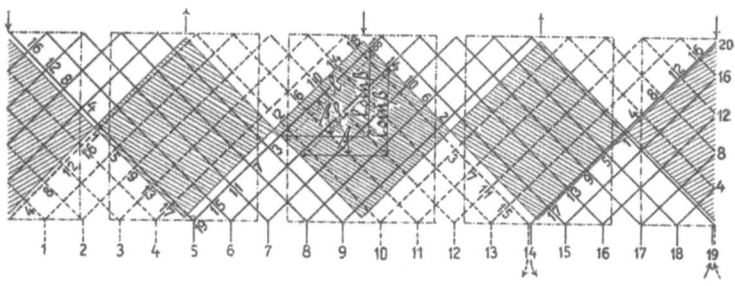

Fig. 82.

Es ist in Capitel VI bei Besprechung der Trommelwicklung mit schräg gelegten Stäben keine Bemerkungen über eine etwa von dieser Wicklungsweise abhängige Form der Pole gemacht, sondern in allen der gegebenen Schemata einfach die richtige Form durch Schraffur markirt.

Es fragt sich, wie würde sich die Summation der elektromotorischen Kräfte gestalten, wenn die Pole nicht der Schräglage der Wicklung gemäss geformt wären. Ein Blick auf die Fig. 82 zeigt, dass, sobald die Polschuhe, in der Weise wie dort durch punktirte Linien markirt ist, voll ausgeführt wären, einzelne Stäbe stets gleichzeitig in verschiedenen Polen liegen, dass also keine reine Summirung der elektromotorischen Kräfte vor sich geht.

Um zu verhindern, dass somit gegenwirkende elektromotorische Kräfte entstehen, müssen die Pole die durch Schraffur angegebene

Capitel VII.

Gestalt haben; die Enden der Stäbe, welche dann nicht innerhalb der Uebergangsflächen liegen, entsprechen den „verbindenden Drähten".

In welcher Weise bei den Scheibenankern die wirksame Ankerlänge bestimmt wird, ist nach dem Gesagten ohne weiteres erklärt; es soll nicht speciell darauf eingegangen werden, sondern zum Schluss dieses Capitels noch die hier passend anzuschliessende Betrachtung über die Stellung der Bürsten während des Betriebes der Dynamomaschinen Erledigung finden.

Nach unseren Betrachtungen im Capitel III und VI sollen die Bürsten so an dem Commutator liegen, dass die Spaltung des inneren Stromkreises derart erfolgt, dass nur solche Stäbe in jedem Zweige liegen, welche in gleichem Sinne von den magnetischen Feldern beeinflusst sind.

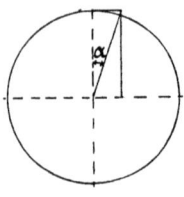

Fig. 83.

Nach den Schemata der einzelnen Ankerwicklungen sind die Punkte grösster Bürstenspannung, die Stromabnahmestellen, theoretisch festgesetzt.

In dem praktischen Betriebe muss jedoch, wie die Erfahrung lehrt, die Bürstenstellung etwas verschoben werden und zwar aus folgenden Gründen.

Der während des Betriebes entstehende Ankerstrom erzeugt auch im Ankerkern Magnetismus, welcher dem Magnetismus der Schenkel entgegenwirkt.

Wenn theoretisch die Bürsten in der Achse der Fig. 83 stehen sollen, so werden sie thatsächlich durch den Magnetismus des Ankers um einen gewissen Winkel mit der Richtung der Rotation des Ankers verschoben. Dieser Verschiebungswinkel α ist gegeben durch seinen Sinus

$\sin \alpha =$ dem Verhältniss des Magnetismus des Ankers zu dem der Schenkel.

Capitel VIII.
Classification der Gleichstrom-Dynamomaschinen.

Nachdem der Reihe nach die Gleichstrom-Maschine aus ihren Constructionsdetails aufgebaut ist, wird diese Maschine als eine dynamoelektrische Gleichstrom-Maschine zu characterisiren sein. Unter einer dynamoelektrischen Maschine versteht man eine stromerzeugende Maschine, in welcher der erregende Magnetismus von dem Maschinenstrom selbst erzeugt wird.

Nach dem Maasse, in wie weit der Maschinenstrom zur Erzeugung des Magnetismus herangezogen wird, sind die Dynamomaschinen wie folgt zu classificiren:
1. die Maschinen mit directer Wicklung (Serienmaschinen, auch Hauptstrommaschinen),
2. die Nebenschlussmaschinen,
3. die Maschinen mit gemischter Wicklung (Compoundwicklung). Gleichspannungsmaschinen.

1. Die Maschinen mit directer Wicklung (Serien- oder Hauptstrommaschinen).

Die Schaltung der einzelnen Theile des Stromkreises dieser Maschine giebt Fig. 84; alle Theile, die Ankerwindungen, die Schenkelwindungen und der äussere Stromkreis sind hintereinander geschaltet.

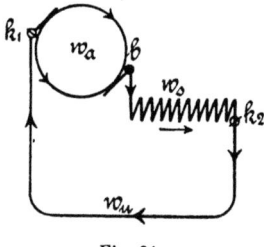

Fig. 84.

Der im Anker inducirte Strom, welcher in dem unverzweigten Kreise überall gleich ist, durchläuft die Schenkelwindungen in voller Stärke.

Wie das Schema zeigt, haben wir zu unterscheiden zwischen Bürsten- und Klemmenspannung.

Bei der Hauptstrommaschine wird also der Gesammtstrom, der für eine bestimmte Nutzleistung im inneren Stromkreise erzeugt wird, zur Selbsterregung herangezogen. Wird durch Aufwand einer mechanischen Arbeit die Hauptstrommaschine in Betrieb gesetzt, und ein elektrischer Strom erzeugt, so besteht für die gesammte erzeugte elektromotorische Kraft E, welche bei den gegebenen Widerständen im Anker die Stromstärke J_a erzeugt, die Gleichung:

$$E = J_a (w_a + w_s + w_u) = J_a W,$$

wenn wir mit W den Gesammtwiderstand des ganzen Kreises bezeichnen wollen. Bei der Hauptstrommaschine ist W gleich der Summe der Einzelwiderstände

$$W = w_a + w_s + w_u.$$

Die Klemmenspannung, d. h. die elektromotorische Kraft an den Klemmen der Maschine, im Schema Fig. 84 mit k_1 und k_2 bezeichnet, welche dem nutzbaren Strome J_u bei dem gegebenen Widerstande im äusseren Stromkreise entsprechen muss, und die wir mit V bezeichnen, ergiebt sich zu:

$$V = J_u w_u$$

oder da

$$J_a = J_u$$

$$V = J_a w_u$$

mithin ist

$$E = J_u (w_a + w_s) + V$$

oder die Klemmenspannung

$$V = E - J_u (w_a + w_s)$$

gleich der gesammten elektromotorischen Kraft abzüglich der im Anker und den Schenkeln für Ueberwindung des inneren Widerstandes (im weiteren Sinne Anker- und Schenkelwiderstand) verbrauchten elektromotorischen Kraft.

Eine graphische Darstellung veranschaulicht das Gesagte in übersichtlicher Weise, siehe Fig. 85. Tragen wir die einzelnen Widerstände der 3 Theile des Gesammtstromkreises als Abscissen auf, wird ferner bei k_2 die gemessene Klemmenspannung V als Ordinate aufgetragen und deren Endpunkt C mit D verbunden, so stellt die abfallende Linie C D den Spannungsabfall im äusseren Stromkreise dar. Verlängern wir die Linie C D über C hinaus, so erhalten wir in der Ordinate k_1 A die gesammte elektromotorische Kraft E der Dynamomaschine.

Errichten wir schliesslich in b ein Loth, welches die Linie A D in B schneidet, und ziehen durch C eine Parallele zur Abscissenaxe, so haben wir in B F den Spannungsverlust, der durch den Schenkelwiderstand bedingt wird, und A G giebt den durch den Ankerwiderstand entstandenen Verlust.

Es liegt auf der Hand, dass bei einer gut gebauten Dynamomaschine der elektrische Effect, der nützlich im äusseren Stromkreise verwerthet wird, zu dem im ganzen Stromkreise gemessenen Effect

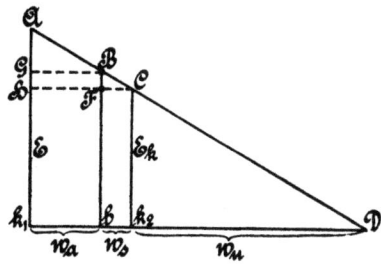

Fig. 85.

in einem rationellen Verhältniss stehen muss. Der elektrische Effect wird gemessen in Voltampère (oder Watt) durch das Product aus Stromstärke mal elektromotorische Kraft.

Bezeichnen wir mit N den gesammten elektrischen Effect, welcher in der Hauptstrommaschine durch die mechanische Leistung umgesetzt wird, so ist

$$N = E\, J_a\ \text{Voltampère}$$

= der Gesammtstromstärke × der gesammten elektromotorischen Kraft.

Für den nützlich im äusseren Stromkreise auftretenden Effect N_u ist jedoch nicht die gesammte elektromotorische Kraft massgebend, sondern nur die Klemmenspannung V, mithin ist

$$N_u = V\,.\,J_u\ \text{Voltampère}.$$

Capitel VIII.

Das Verhältniss beider würde das elektrische Güteverhältniss der Hauptstrom-Dynamomaschine sein; wir bezeichneten es mit η_1

$$\eta_1 = \frac{N_u}{N} = \frac{V \, J_u}{E \cdot J_u}; = \frac{V}{E} \text{ oder} =$$

$$\frac{J_u \cdot W_u}{J_u (w_a + w_s + w_u)} = \frac{w_u}{w_a + w_s + w_u}.$$

Soll dieses Verhältniss seinem grössten Werth 1 möglichst nahe kommen, so dürfen bei der Hauptstrommaschine die gesammte elektromotorische Kraft und die Klemmenspannung nicht sehr differiren, d. h. es müssen die Widerstände im Anker und in den Schenkelwindungen, also der innere Widerstand gegenüber dem äusseren Widerstand nicht zu gross sein.

2. Die Nebenschlussmaschinen.

Die 3 Theile des Gesammtstromkreises sind bei den Nebenschlussmaschinen, wie Schema Fig. 86 zeigt, geschaltet, die Schenkelwindungen liegen im Nebenschluss zum Anker und äusseren Stromkreis.

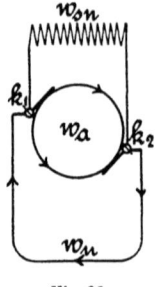

Fig. 86.

Wir haben einen verzweigten Stromkreis, eine Parallelschaltung zweier Theile des Kreises: der Schenkelwindungen und des äusseren Stromkreises. Bei dieser Maschine ist Bürstenspannung und Klemmenspannung gleich.

Die Stromstärke ist nicht mehr in allen Theilen des Kreises gleich, sondern es verzweigt sich der im Anker inducirte Strom, er tritt in die Schenkelwindungen und den äusseren Stromkreis. Es wird also nicht der ganze im äusseren Stromkreise zu verwerthende Arbeitsstrom zur Selbsterregung der Maschine benutzt, sondern nur ein Theil desselben, den wir in der Folge mit J_{sn} bezeichnen wollen (die Bezeichnung J_a reserviren wir ein für alle Mal für die gesammte im Anker erzeugte Stromstärke). Die gesammte elektromotorische Kraft der Nebenschlussmaschinen ist

$$E = J_a W$$

gleich dem Product aus der Gesammtstromstärke und dem Gesammtwiderstand.

Da wir hier jedoch einen verzweigten Stromkreis haben, so ist W nicht gleich der algebraischen Summe aller Einzelwiderstände, sondern

mithin
$$W = w_a + \frac{w_{sn} w_u}{w_{sn} + w_u},$$

$$E = J_a \cdot \left(w_a + \frac{w_{sn} w_u}{w_{sn} + w_u} \right),$$

die Gesammtstromstärke:
$$J_a = J_{sn} + J_u$$

(unter J_u den Arbeitsstrom im äusseren Stromkreis verstanden), mithin

$$E = (J_{sn} + J_u) \left(w_a + \frac{w_{sn} w_u}{w_{sn} + w_u} \right).$$

Die für den nutzbaren Strom J_u massgebende Klemmenspannung der Nebenschlussmaschine ergiebt sich zu

$$V = J_u \cdot w_u,$$

oder da die Klemmenspannung auch bestimmt wird durch den zum äusseren Stromkreis parallel geschalteten Kreis:

$$V = J_{sn} \cdot w_{sn};$$

ferner wird V noch bestimmt durch die Gleichung

$$V = (J_{sn} + J_u) \frac{w_{sn} w_u}{w_{sn} + w_u};$$

mithin ist
$$V = E - (J_{sn} + J_u)w_a$$
oder
$$V = E - J_a w_a$$

Das Güteverhältniss η_2 ist für die Nebenschlussmaschine bestimmt durch die Gleichung

$$\eta_2 = \frac{N_u}{N} = \frac{V J_u}{E (J_{sn} + J_u)} = \frac{V \cdot J_u}{E \cdot J_a}.$$

3. Die Maschinen mit gemischter Wicklung.

Unter Maschinen mit gemischter Bewicklung der Feldmagnete versteht man solche, bei denen vorwiegend der Nebenschlussstrom zur Erregung der Elektromagnete verwerthet wird, zugleich aber der

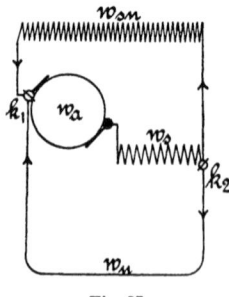

Fig. 87.

hierdurch erzeugte Magnetismus noch durch im Hauptstromkreis liegende Windungen eine Vergrösserung erfährt.

Der Zweck dieser Anordnung ist der: bei wechselndem J_u, also grösserem oder geringerem Stromconsum stets gleiche Klemmenspannung zu erzielen, daher werden diese Maschinen auch Gleichspannungsmaschinen genannt.

Der Nebenschluss kann entweder parallel zum äusseren Stromkreise oder parallel zum Anker liegen.

a) Der Nebenschluss liegt parallel zum äusseren Stromkreise; Fig. 87.

Der Gesammtstromkreis besteht hier ebenfalls aus 3 Haupttheilen, den Ankerwindungen, den Schenkelwindungen und dem äusseren Stromkreise. Die Schenkelwindungen bestehen jedoch aus

Classification der Gleichstrom-Dynamomaschinen.

zwei Theilen, den Nebenschlusswindungen $\mathfrak{W}_{sn}$ mit dem Widerstand w_{sn}, und den Hauptstromwindungen $\mathfrak{W}_s$ mit dem Widerstand w_s. Wir behalten die früheren Bezeichnungen bei und bezeichnen den Zweigstrom im Nebenschluss vom Widerstand w_{sn} mit J_{sn}, den Schenkelstrom in den Windungen des Hauptstromkreises mit $J_s = J_a$ gleich der Gesammtstromstärke, also

$$J_a = J_{sn} + J_u.$$

Die gesammte elektromotorische Kraft der Maschine ist

$$E = J_a W.$$

Der Widerstand W des gesammten Stromkreises ist entsprechend der im Schema Fig. 87 gegebenen Verzweigung:

mithin
$$W = w_a + w_s + \frac{w_u w_{sn}}{w_u + w_{sn}};$$

$$E = J_a \left(w_a + w_s + \frac{w_u w_{sn}}{w_u + w_{sn}} \right)$$

oder
$$E = (J_{sn} + J_u) \left(w_a + w_s + \frac{w_u w_{sn}}{w_n + w_{sn}} \right).$$

Die Klemmenspannung ist:

$$V = (J_{sn} + J_u) \left(\frac{w_u w_{sn}}{w_u + w_{sn}} \right) = J_a \left(\frac{w_u w_{sn}}{w_u + w_{sn}} \right)$$

oder
$$V = E - J_a (w_a + w_s).$$

Das Güteverhältniss der Maschine mit gemischter Wicklung ist:

$$\eta_3 = \frac{N_u}{N} = \frac{V J_u}{E . J_a}.$$

b) *Der Nebenschluss liegt parallel zum Anker*; siehe Fig. 88.

Die gesammte elektromotorische Kraft E ist gegeben durch die Gleichung:

$$E = J_a W.$$

$$W = w_a + \frac{w_{sn} \cdot (w_s + w_u)}{w_{sn} + w_s + w_u}$$

Capitel IV.

$$J_a = J_s + J_{sn} = J_u + J_{sn}$$

$$E = J_a \left(w_a + \frac{w_{sn}(w_s + w_u)}{w_{sn} + w_s + w_u} \right);$$

$$E = (J_u + J_s) \left(w_a + \frac{w_{sn}(w_s + w_u)}{w_{sn} + w_s + w_u} \right)$$

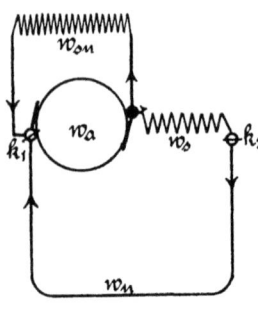

Fig. 88.

Die Klemmenspannung ist:

$$V = E - J_a w_a - J_s w_s$$

Das Güteverhältniss ist gegeben durch

$$\eta_4 = \frac{N_u}{N} = \frac{V \cdot J_u}{E J_a}$$

wie unter a, bei der anders geschalteten Gleichspannungsmaschine.

Auch bei den Maschinen mit gemischter Wicklung ist zwischen Klemmen- und Bürstenspannung zu unterscheiden.

Capitel IX.
Theorie des Magnetismus.

Nachdem bei der Erledigung aller für die Dynamomaschinen wichtigen practischen Fragen in den früheren Capiteln die im Eingangscapitel erläuterte Anschauungsweise über die durch Magnetismus bezw. Elektromagnetismus in den Dynamomaschinen erzeugte elektromotorische Kraft als Richtschnur genommen ist, tritt nun bei der theoretischen Bestimmung der elektromotorischen Kraft erst der Hauptwerth des Ersatzes des Kraftlinienbegriffes durch die geschlossenen Kreisströme in das rechte Licht.

In nachstehendem theoretischen Theil versucht der Verfasser auf Grund seiner nunmehr vielfach dargelegten Auffassung über die Entstehungsursache der elektromotorischen Kraft durch Aufwand mechanischer Arbeit in den Dynamomaschinen eine mechanische Theorie des Elektromagnetismus bezw. Magnetismus[1]) zu begründen und ihre Anwendung auf die Theorie der Dynamomaschinen zu zeigen.

Bisher wurde die Erklärung gewisser Aussenwirkungen magnetischer Körper und zwar speciell die uns hier interessirende Induction elektromotorischer Kräfte nur unter Hinweis auf analoge Sätze der Mechanik gegeben, indem als die Ursache dieser Aussenwirkungen das Vorhandensein geschlossener magnetischer Kreisströme gewisser Geschwindigkeit angenommen wurde.

Die aus dieser Annahme gezogenen Schlüsse berechtigen dieselbe; denn es ergaben sich dabei stets anerkannte Erfahrungssätze.

Alle diese Betrachtungen und ihre interessanten Folgerungen, die über manche elektrische und magnetische Vorgänge ohne Zweifel ein klareres Licht geben, als die bisher übliche Kraftlinientheorie, und gewiss viele Begriffe concreter erscheinen lassen, würden trotzdem neben der Kraftlinientheorie weiter nichts sein, als vielleicht gleichberechtigte „Speculationen", wenn sie nicht gleichzeitig für die Begründung einer Theorie des Magnetismus eine wesentliche Bedeutung hätten.

---

[1]) Wir werden der Kürze wegen für die Folge stets von Magnetismus sprechen und darunter den durch den elektrischen Strom in den Dynamomaschinen erzeugten Elektromagnetismus verstehen.

Capitel IX.

Die Ursache von magnetischen Aussenwirkungen statt auf magnetische Kraftlinien zurückzuführen in der Geschwindigkeit molekularer Kreisströme zu suchen, giebt uns das Mittel, „das mechanische Aequivalent" (nämlich eine gewisse Geschwindigkeit) des Magnetismus festzustellen und in eine mathematische Formel zu kleiden.

Hierin liegt der Schwerpunkt der neuen Auffassung.

Der Magnetismus der Dynamomaschinen, um den es sich in letzter Linie bei allen unseren Betrachtungen handelt, wird in der Praxis durch den Aufwand einer elektrischen Arbeit (J^2 W) erzeugt.

Haben wir einen Eisenstab, um den ein elektrischer Strom durch einen umgewickelten Draht geführt wird, so bemerken wir an dem Stabe magnetische Eigenschaften, die sich in verschiedener Weise äussern.

Eine Erklärung für diese characteristischen Erscheinungen, die nunmehr der Eisenstab erhalten hat, giebt uns die Theorie Ampère's und legt uns unsere hieraus gefolgerte Auffassung des Begriffes Stromstärke als eine Geschwindigkeit nahe.

Durch das Vorhandensein des elektrischen Stromes J ampère oder der entsprechenden Geschwindigkeit $J \cdot 10^{-1}$ in einer Windung, die um den Eisenstab gelegt ist, entsteht in demselben eine Geschwindigkeit R der magnetischen Kreisströme, welche ihn nunmehr erfüllen, man sagt, es ist Magnetismus inducirt.

Statt des abstracten Begriffes „Induction" können wir uns das Auftreten der magnetischen Erscheinungen im Eisenstabe unter Einfluss des elektrischen Stromes nach unserer Theorie als eine Uebertragung der Geschwindigkeit $J \, 10^{-1}$ in der Windung auf die Massen des Eisenkörpers vorstellen.

Offenbar darf man nicht erwarten, dass die Geschwindigkeit $J \, 10^{-1}$, welche in der Windung herrscht, auch eine ebenso grosse Geschwindigkeit der magnetischen Kreisströme erzeugt.

Es ist ein Erfahrungsgesetz, dass die magnetischen Eigenschaften eines Eisenstabes sowohl mit der Stromstärke J, welche in einer Windung herrscht, wächst, aber sie macht sich auch energischer geltend, wenn bei gleichbleibender Stromstärke die Anzahl der Windungen vermehrt wird.

Bezeichnen wir mit J die Stromstärke in Ampère, mit $\mathfrak{W}$ die Anzahl der Windungen, die um den Stab gelegt sind, so ist die

Geschwindigkeit der magnetischen Kreisströme innerhalb des Eisenkörpers, in Centimeter ausgedrückt, abhängig von dem Producte:

$$\mathfrak{W} \cdot J \, 10^{-1}.$$

Einen mathematischen Ausdruck für das Abhängigkeitsgesetz zwischen einer Geschwindigkeit R, welche dem Producte $\mathfrak{W} \cdot J \, 10^{-1}$ gleich ist und der thatsächlichen Geschwindigkeit R_1 der magnetischen, für alle Aussenwirkungen massgebenden, Kreisströme finden wir, wenn wir die letztere Geschwindigkeit als eine **Umfangsgeschwindigkeit entsprechend dem Radius des erzeugenden Kreisstromes bestimmen.**

Zu dieser Bestimmung führen folgende Erwägungen:

Die Geschwindigkeit R_1 ist erfahrungsmässig geringer als die Geschwindigkeit R, die Differenz entsteht in Folge der Trägheit der Massen, welche einer verlustlosen Uebertragung der Molekularbewegung hindernd im Wege steht.

Der Einfluss der trägen Massen wird bei allen Eisensorten ohne Zweifel verschieden sein. **Diese Verschiedenheiten sind jedoch nur gering und dürfen uns nicht hindern, eine allgemeine Formel für die Abhängigkeit des Magnetismus des Eisens von dem erzeugenden Strom aufzustellen.**

Der Verfasser ist der Ansicht, dass diese Verschiedenheiten, deren Vorhandensein er, ausdrücklich bemerkt, nicht leugnet, sich unmöglich bei verschiedenem Eisen so sehr geltend machen, dass sie nicht durch ein und dieselbe Formel berücksichtigt werden könnten. Hätten wir es in der Praxis des Dynamomaschinenbaues mit noch anderen Metallen zu thun als Eisen, also ganz anderen Atomen, anstatt mit Eisenatomen, die nur im Gusseisen und Schmiedeeisen verschiedene Molekularaggregate bilden, so wäre vielleicht in der allgemeinen Formel eine Berücksichtigung nöthig.

Zu einer allgemeinen Formel, deren an Beispielen erprobte Richtigkeit die eben ausgesprochene Behauptung des Verfassers rechtfertigt, gelangen wir wie folgt:

Betrachten wir einen Eisenstab vom Radius a Fig. 89, um den $\mathfrak{W}$ Windungen, worin die Stromstärke J herrscht, gelegt sind, so haben wir am Umfang die Geschwindigkeit R entsprechend $\mathfrak{W} J \, 10^{-1}$.

Nach unserer erweiterten Auffassung der Ampère'schen Theorie würden, die Trägheit der Massen ausgeschlossen, alle Molekularkreisströme, welche die Fläche des Magneten erfüllen, die Geschwindigkeit R haben. Betrachten wir einzelne Molekularkreisströme von

1 cm Radius innerhalb der Fläche, Fig. 89. An allen diesen Kreisen haben wir die Geschwindigkeit R, welche wir als Umfangsgeschwindigkeit tangential antragen, wie in Fig. 89 geschehen ist. Die Geschwindigkeitshöhen, welche diesen Geschwindigkeiten R entsprechen, sind:
$$\frac{R^2}{2\,g}.$$

Die von der Trägheit herrührende Kraft ist gegeben durch den Quotienten
$$\frac{R^2}{2\,g \cdot g}$$

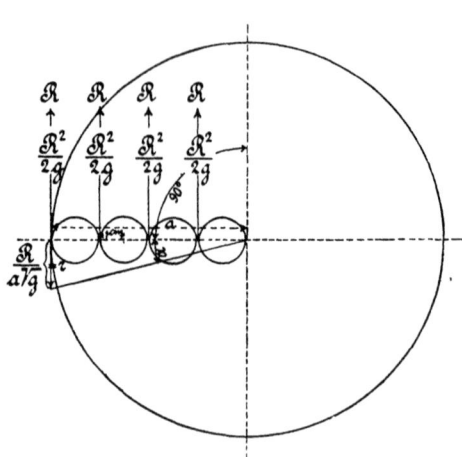

Fig. 89.

wenn wir berücksichtigen, dass $\frac{1}{g}$ die absolute Krafteinheit bedeutet. Wollen wir nun die Geschwindigkeit R_1, wie stets betont, am äusseren Umfang des Eisenstabes bestimmen, so müssen wir den Einfluss der ermittelten Kraft $\frac{R^2}{2\,g^2}$ auf den Umfang des Kreises beziehen, dort ist dieselbe $\frac{R^2}{a^2\,2\,g^2}$, denn die Molekularkräfte, welche wir uns als Trägheit denken, wirken umgekehrt proportional dem Quadrate der Entfernung.

Ist aber $\frac{R^2}{2\,g^2\,a^2}$ die gegenwirkende Kraft am Umfang, so ist

Theorie des Magnetismus. 75

ihre entsprechende Tangential-Geschwindigkeit r gegeben durch den Ausdruck:

$$r = \sqrt{2g \cdot \frac{R^2}{2 \cdot g^2 \cdot a^2}} = \frac{R}{a\sqrt{g}};$$

diese Geschwindigkeit r vermindert die Geschwindigkeit R (vgl. die Fig. 89). Um zu einer einfachen Endformel zu gelangen, stellen wir folgende Ueberlegung an.

Alle Geschwindigkeiten R an den verschiedenen gezeichneten Kreisströmen bezw. an den unendlich kleinen Kreisströmen sind Tangentialgeschwindigkeiten am unendlich kleinen Radius, demnach ist die dieser Geschwindigkeit R entsprechende Winkelgeschwindigkeit 90^0

$$\operatorname{tg} 90^0 = \frac{R}{0} = \infty.$$

Die Winkelgeschwindigkeit, welche der Geschwindigkeit $r = \frac{R}{a\sqrt{g}}$ entspricht, sei mit α bezeichnet, dann ist dieselbe nach Fig. 89 bestimmt durch die Gleichung:

$$\operatorname{tg} \alpha = r \cdot \frac{1}{a} = \frac{R}{a\sqrt{g}} \cdot \frac{1}{a} = \frac{R}{a^2\sqrt{g}};$$

und wir können, da sich die Umfangsgeschwindigkeiten wie die Winkelgeschwindigkeiten verhalten, für die abzuziehende Umfangsgeschwindigkeit r den Werth setzen:

$$r = R \frac{\alpha}{90},$$

so dass schliesslich die zu ermittelnde Umfangsgeschwindigkeit R_1 gegeben ist durch die Gleichung

$$R_1 = R - r = R\left(1 - \frac{\alpha}{90}\right) \quad \ldots \ldots \quad 1,$$

oder $R_1 = \mathfrak{W} J 10^{-1}\left(1 - \frac{\alpha}{90}\right) \quad \ldots \ldots \quad 1\mathrm{a}$

wobei α bestimmt ist durch den Ausdruck:

$$\operatorname{tg} \alpha = \frac{\mathfrak{W} J 10^{-1}}{a^2 \sqrt{g}}$$

Indem wir die Geschwindigkeit der einen Magneten erfüllenden Kreisströme durch eine am Umfang seiner Querschnittfläche zu

76   Capitel IX.

denkende Umfangsgeschwindigkeit ersetzt, und deren Abhängigkeitsgesetz von den erregenden Ampère-Windungen in eine mathematische Formel gekleidet haben, befinden wir uns in voller Uebereinstimmung mit der Ampère'schen Theorie.

Nach dem sogenannten Ampère'schen Satz darf nämlich ein Kreisstrom ersetzt werden durch eine Fläche, welche von lauter sehr kleinen aneinander grenzenden Kreisströmen erfüllt ist, wobei die Begrenzungslinie dieser Fläche mit der Linie des Kreisstromes zusammenfällt.

Unsere Theorie gipfelt mithin darin, dass wir, einen Schritt weiter zu den Geschwindigkeiten der Kreisströme übergehend, die Geschwindigkeit der unendlichen vielen

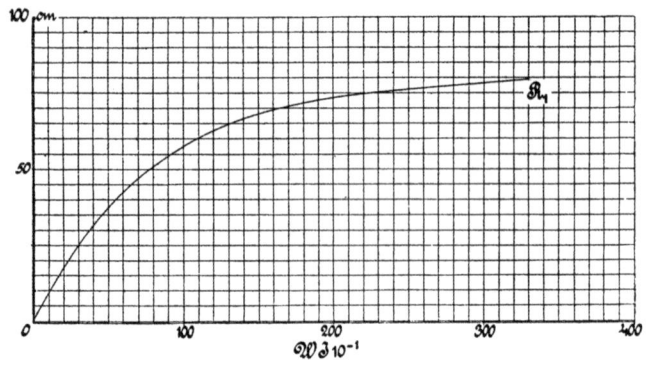

Fig. 90.

Kreisströme, welche eine Fläche erfüllen, auf die Geschwindigkeit eines die Fläche begrenzenden Kreisstromes zurückgeführt haben.

Dieser Satz ist der Hauptsatz der neuen Theorie, zu welcher wir durch eine einzige Annahme gelangt sind.

Berechnen wir z. B. nach dem oben abgeleiteten theoretischen Gesetze die Abhängigkeit der Geschwindigkeit R_1 in ein und demselben Eisenkern bei verschiedenen Producten $\mathfrak{W} J$ und tragen die Resultate der Rechnung graphisch in einem rechtwinkligen Coordinatensystem auf, so finden wir die in Fig. 90 gegebene Kurve.

Als Abscissen sind die Ampère-Windungen, d. h. das Product $\mathfrak{W} J \, 10^{-1}$ (also in absolutem Mass), als Ordinaten die Geschwindigkeit R_1 in Centimetern aufgetragen.

Theorie des Magnetismus. 77

Wir sehen aus dem Verlaufe der Kurve, dass die Geschwindigkeit R_1 anfänglich rasch mit dem Producte $\mathfrak{W} J \, 10^{-1}$ wächst, später nach Erreichung einer gewissen Grösse jedoch die Zunahme mit wachsendem $\mathfrak{W} J$ immer geringer wird. Ihrem Maximum nähert sich R_1 erst bei $\mathfrak{W} J \, 10^{-1} = \infty$. Wir haben nun abweichend von der bisher üblichen Methode die sogenannte Kurve des Magnetismus direct analytisch bestimmt.

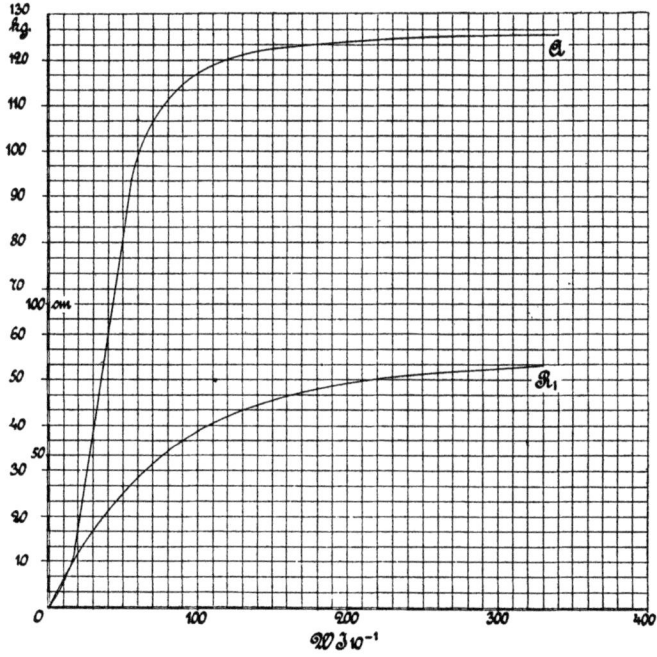

Fig. 91.

Für eine leicht messbare Aussenwirkung des Magnetismus nämlich für die Anziehungskraft hat der Verfasser eine Formel auf Grund der oben gegebenen Bestimmung von R_1 ermittelt.

Nachdem durch eine Reihe von Versuchen die Richtigkeit der gefundenen Formel als Gesetz für die Anziehungskraft festgestellt war, ist für den dabei benutzten Versuchs-Elektromagneten das Abhängigkeitsverhältniss zwischen verschiedenen Producten $\mathfrak{W} J$ und der Anziehungskraft ermittelt worden.

Die Resultate sind in der Kurve A Fig. 91 graphisch dargestellt, zugleich mit den entsprechenden Geschwindigkeiten R_1. Als Abscissen sind wiederum die verschiedenen Werthe $\mathfrak{W} J 10^{-1}$ aufgetragen als Ordinaten R_1 in Centimeter und A in Grammen. Wir sehen, dass die Anziehungskräfte ebenso wie R_1 anfänglich rasch wachsen und mit immer geringer werdender Zunahme bei $\mathfrak{W} J 10^{-1} = \infty$ einem Maximum zustreben.

Capitel X.

Bestimmung der Kreisstromgeschwindigkeit während des Uebertrittes durch die Luft.

Bei allen vorhergehenden Betrachtungen ist hervorgehoben, dass wir lediglich die Geschwindigkeit R_1 innerhalb des Eisens ermitteln wollten, nicht in der Umgebung des Elektromagneten. Durch einen direct an den Polen anliegenden Anker wird die Geschwindigkeit R_1 nicht beeinflusst d. h. vorausgesetzt, dass der magnetische Kreis ebenso vollkommen durch einen genügend grossen Ankerquerschnitt geschlossen wird, wie dies bei dem beide Schenkel verbindenden Joche eines Hufeisen-Elektromagneten stillschweigend vorausgesetzt wurde.

Bei den Dynamomaschinen, wo der „Anker" vor den Polen der Elektromagneten rotiren muss, wird selbstverständlich ein Spielraum zwischen beiden nothwendig. Die Folge davon ist, dass, da der Anker nicht direct an die Schenkel anliegt, R_1 nicht verlustlos von einem Pol zum andern durch die Luft übertreten kann.

Die Bestimmung dieses Luftwiderstands d. h. nach unserer Auffassung die Geschwindigkeitsabnahme von R_1 bei einem gewissen Abstand zwischen Pol und Anker, welche bisher bei der Kraftlinientheorie durch das Wort „Luftwiderstand", auch wohl Streuung" figurirte und dessen Bestimmung viele Schwierigkeiten bot, kann nun nach unserer Anschauung wie folgt ermittelt werden.

Mit einem Versuchs-Elektromagneten, ähnlich dem in Fig. 36 skizzirten, wurden wiederum Abreissversuche vorgenommen, in diesem Falle jedoch nicht der Anker direct an die Polflächen angelegt, son-

Bestimmung der Kreisstromgeschwindigkeit. 79

dern in einer, durch Zwischenstücke aus nicht magnetischem Metall oder Holz, genau begrenzten Entfernung.

Zahlreiche Versuche ergaben folgende Resultate:
Bezeichnet A die Anziehungskraft bei der Entfernung $x = 0$ zwischen Polen und Anker und A_x die Anziehungskraft bei der Entfernung x, so ist

$$A_x = \left(\frac{\lambda}{\lambda + x}\right)^2 A,$$

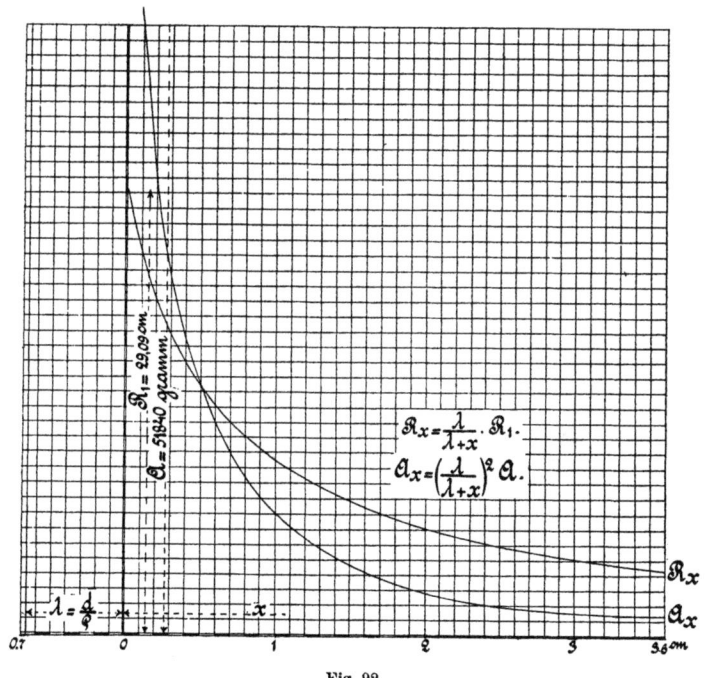

Fig. 92.

worin λ eine von dem Durchmesser d eines Elektromagnetschenkels abhängige Grösse ist

$\lambda = \dfrac{d}{\varrho}$ gleich ungefähr $\dfrac{1}{6} - \dfrac{1}{10}$ d, gewöhnlich ergab sich $\varrho = 6$.

Nach diesem Gesetze, welches das bereits bekannte Gesetz, wonach die Anziehungskräfte mit dem Quadrate der Entfernung abnehmen, bestätigt, jedoch etwas erweitert, ist die in Fig. 92 gegebene Kurve der Anziehungskraft A_x bei verschiedenen Entfernungen und

Capitel X.

gleichem Product $\mathfrak{W} \cdot \mathrm{J}$ ermittelt. Als Abscissen sind die Luftzwischenräume, d. h. die Entfernungen aufgetragen, als Ordinaten die Kräfte in Grammen. Aus diesen Beobachtungen und Ergebnissen lässt sich dann auf die Abnahme der den Kräften entsprechenden Kreisstromge-

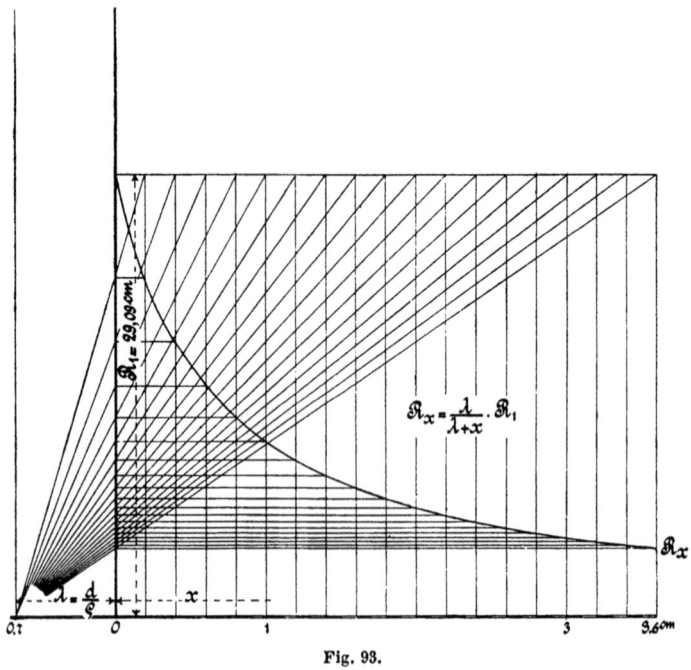

Fig. 93.

schwindigkeiten R_1 zurückschliessen. Da die Kräfte den Quadraten von R_1 proportional sind, so sind wir berechtigt anzunehmen, dass:

$$R_{1x} = \frac{\lambda}{\lambda + x} R_1$$

also die Geschwindigkeit R_{1_x} bei der Entfernung x nach der Quadratwurzel des Factors von A_x abnimmt.

Nach diesem Gesetze tritt die Verminderung der Kreisstromgeschwindigkeit, wie die Fig. 92 zeigt, nach hyperbolischem Gesetze ein. Dieses Gesetz besagt, dass das Product:

Abstand × Geschwindigkeit stets constant ist[1]).

---

[1]) Unter Abstände sind λ bezw. $\lambda + x$ verstanden.

Bestimmung der Kreisstromgeschwindigkeit. 81

In Fig. 93 sind die Kreisstromgeschwindigkeiten R_{1_x} graphisch construirt. Wir erhalten eine gleichseitige Hyperbel.

Als interessantes Ergebniss dieser graphischen Darstellung finden wir sogleich Aufschluss über die Grösse λ bezw. ϱ; es liegt nämlich der Coordinatenanfangspunkt nicht in der Begrenzungslinie des Elektromagneten, sondern um die Grösse $\lambda = \dfrac{d}{\varrho}$, also um eine vom Durchmesser des Schenkels abhängige Grösse hinter dieser Fläche innerhalb des Schenkels.

Wir sehen auch hier wieder einen Vorzug der mechanischen Theorie des Magnetismus, denn es ist nun auf Grund der gegebenen Formel für jede Eisensorte leicht, durch wenige Versuche die Grösse ϱ bezw. λ festzustellen, indem man von den ermittelten Anziehungs-

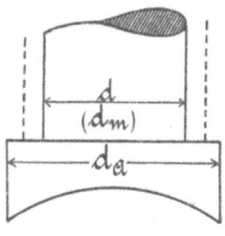

Fig. 94.

kräften rückwärts auf die Kreisstromgeschwindigkeiten schliesst. Die Möglichkeit, so den „Luftwiderstand" bezw. die Abnahme der Kreisstromgeschwindigkeit bestimmen zu können, ist für die Ermittelung der Leistung einer Dynamomaschine mit von grösstem Werth.

Ehe wir nun zur Anwendung der gegebenen Formel auf die Bestimmung der Leistung von Dynamomaschinen zur Theorie derselben übergehen, wäre noch folgende Ergänzung obiger Betrachtungen zu machen.

In der Praxis haben wir nicht immer Elektromagnetschenkel von kreisrundem Querschnitt, wie ein solcher bei der Ableitung der Formel für R_1 vorausgesetzt wurde. Alle verschiedenen Schenkelquerschnitte, ovale, quadratische, rechtwinklige, oder irgend wie begrenzte Flächen berücksichtigen wir bei der practischen Berechnung wie folgt:

Ist z. B. eine viereckige Querschnittfläche vorhanden, so suchen wir den Durchmesser d_m, der einer gleich grossen Kreisfläche entspricht. Diesen Durchmesser d_m führen wir überall in die Formel ein, wir setzen also $a = \dfrac{d_m}{2}$ und $\lambda = \dfrac{d_m}{\varrho}$.

Haben wir Elektromagneten mit vergrösserten Polschuhflächen z. B. wie in Fig. 94 gezeichnet, so ist der Durchmesser d bezw. d_m des von den Windungen umhüllten Körpers für tg α massgebend, also für R_1, während für die Abnahme der Geschwindigkeit R_1 in der Umgebung, also für den Uebertritt zum Anker, der Durchmesser d_A massgebend ist. Es wird also durch Ansetzen von Polschuhen der Coordinatenanfangspunkt etwas weiter nach innen gerückt.

Dieser Schluss entspricht den thatsächlichen Verhältnissen, denn indem man die Schenkel mit Polschuhen versieht, vergrössert man die Uebergangsflächen, der „Luftwiderstand" wird kleiner.

Dieses ist ein Vortheil der Polschuhflächen, demgegenüber steht der Nachtheil, dass bei ungünstigem Verhältniss zwischen umwickeltem Querschnitt und Polschuhquerschnitt die Grösse der Geschwindigkeit, welche bei gewissen Amperewindungen in ersterem erhalten wird, in letzterem zu sehr abnimmt.

Wir dürfen annehmen, dass die Geschwindigkeiten R_1 der Kreisströme in den Schenkeln und den Polschuhen sich umgekehrt wie die Querschnitte oder Quadrate der Durchmesser verhalten. Wir würden also nach Fig. 94 in den Polschuhen eine Geschwindigkeit von

$$R_2 = R_1 \cdot \dfrac{d^2}{d_A^2}$$

haben.

Capitel XI.

Anwendung der Theorie des Magnetismus auf die Bestimmung der Leistung von Dynamomaschinen.

Alle Factoren, welche für die Leistung der Gleichstrom-Dynamomaschine von Bedeutung sind, wurden der Reihe nach einzeln in den vorhergehenden Capiteln eingehend besprochen, es bedarf nur noch einer Zusammenstellung aller wichtigen Endfolgerungen dieser Capitel, um die Theorie der Dynamomaschine soweit

Anwendung der Theorie des Magnetismus. 83

abzuschliessen, dass die Bestimmung der Leistung solcher Maschinen erfolgen kann.

Das Grundgesetz, nach welchem sich die Leistung der Dynamomaschine bestimmt, ist bereits im Capitel I ermittelt. Danach ist für alle practisch vorkommenden Fälle die elektromotorische Kraft (in Volt), welche in Folge des Aufwandes mechanischer Arbeit entsteht, proportional der Geschwindigkeit der Kreisströme R, der Geschwindigkeit v, der Bewegung, der Länge des Leiters L und dem Sinus des Neigungswinkels β, den der Leiter mit seiner Bewegungsrichtung einschliesst:

$$E = 4 \frac{R\,v\,.\,L\,\sin\beta}{10^8} \quad \ldots \ldots \ldots \text{I}$$

Ueber die einzelnen Factoren dieses Gesetzes sind wir nunmehr klar geworden.

Das Product 4 R können wir nach der gegebenen Theorie des Magnetismus aus den Dimensionen der Maschine und den Ampère-Windungen bestimmen, v ist uns stets durch die Umdrehungszahl und den Durchmesser des rotirenden Ankers gegeben, ferner haben wir gelernt, bei den verschiedenen Wicklungsarten das Product L $\sin\beta$, die wirksame Ankerdrahtlänge, zu bestimmen.

Die Gleichung I wollen wir für die Folge wie Gleichung Ia schreiben, um gleich von vornherein das durch die Ankertype und Anordnung des magnetischen Feldes einer jeden Maschine bedingte Verhältniss der wirklichen Ankerdrahtlänge zur wirksamen Ankerdrahtlänge berücksichtigt zu haben.

Die Gleichung I a lautet, wenn L die wirksame Ankerdrahtlänge ist

$$E = 4 \frac{R\,v\,.\,L}{10^8} \quad \ldots \ldots \text{Ia}$$

Verstehen wir unter R die thatsächlich auf den rotirenden Anker wirkende Geschwindigkeit des Kreisstromes, so giebt die Gleichung Ia direct die elektromotorische Kraft der Dynamomaschine, es ist lediglich noch die sogenannte Gegenwirkung des Ankers zu berücksichtigen, welche E vermindert; auf diese kommen wir sogleich näher zurück.

Wir haben gefunden, dass R, die auf den Anker wirksame Geschwindigkeit der Kreisströme, von Dimensionen und Wicklungsverhältnissen der Maschine wie folgt abhängig ist:

6*

Capitel XI.

Erstens vom Querschnitt bez. Durchmesser des von den Wicklungen umhüllten Schenkels, zweitens vom Querschnitt bez. dem dazu gehörigen Durchmesser der Polschuhe, drittens von der Entfernung zwischen dem Polschuh und dem Ankereisen, dem Luftzwischenraum, viertens von den Windungen um die Schenkel und der in denselben herrschenden Stromstärke.

Bei der Bestimmung von R nach diesen einzelnen massgebenden Factoren setzen wir als selbstverständlich voraus, dass die Querschnitte des Ankereisens, etwaiger Verbindungsstücke zwischen den Schenkeln (Joche oder Gestellwände) den umhüllten Schenkelquerschnitten entsprechen, also für den ungehinderten Verlauf der Kreisströme genügend dimensionirt sind.

Ferner setzen wir auch die Erfüllung der nothwendigen Bedingung voraus, dass alle Flächen der verschiedenen Gestelltheile sauber aufeinander gepasst sind.

Bedeutet nun $\mathfrak{W}$ die Anzahl der Windungen auf den zur Erzielung eines geschlossenen magnetischen Kreises erforderlichen Schenkeln, J die Stromstärke in denselben, d den Durchmesser des Schenkels bezw. d_m den für einen beliebig begrenzten Schenkelquerschnitt ermittelten Durchmesser, d_A den ebenfalls entsprechend einer bestimmten Grösse der Polschuhfläche ermittelten Durchmesser eines gleich grossen Kreises, f den Zwischenraum zwischen Polschuh und Ankereisen, so ist die Geschwindigkeit im umhüllten Schenkel

$$R_1 = \mathfrak{W} \, J \, 10^{-1} \left(1 - \frac{\alpha}{90}\right),$$

wobei α gegeben ist durch

$$\operatorname{tg} \alpha = \frac{\mathfrak{W} \, J \, 10^{-1}}{a^2 \cdot 32} \cdot \text{*)}$$

Die verminderte Geschwindigkeit im Polschuh ist:

$$R_2 = R_1 \cdot \frac{d_m^{\,2}}{d_A^{\,2}} = \frac{d_m^{\,2}}{d_A^{\,2}} \cdot \mathfrak{W} \, J \, 10^{-1} \left(1 - \frac{\alpha}{90}\right) \quad \ldots \ldots \text{II}$$

---

*) $\sqrt{g} = \sqrt{981} = \text{cr } 32$.

Anwendung der Theorie des Magnetismus.

und schliesslich nach Berücksichtigung des Luftzwischenraumes finden wir:

$$R_3 = R_2 \cdot \frac{\frac{d_A}{\varrho}}{\frac{d_A}{\varrho} + f} \; ;$$

also:

$$R_3 = \mathfrak{W} J \, 10^{-1} \cdot \left(1 - \frac{\alpha}{90}\right) \cdot \frac{d_m^{\,2}}{d_A^{\,2}} \cdot \frac{\frac{d_A}{\varrho}}{\frac{d_A}{\varrho} + f} \quad \ldots \ldots \text{II a}$$

Demnach ist also die elektromotorische Kraft einer Dynamomaschine direct aus ihren Dimensionen und Wicklungsverhältnissen vollkommen (zunächst allerdings ohne Gegenwirkung des Ankers) bestimmt durch die Gleichung 3, in welcher wir wieder die auf den Anker wirksame Geschwindigkeit ohne Index, also

$$R_3 = R$$

einführen.

$$E = \frac{4 R v L}{10^8} = \frac{1}{10^8} \cdot 4 \mathfrak{W} J \, 10^{-1} \left(1 - \frac{\alpha}{90}\right) \cdot \frac{d_m^{\,2}}{d_A^{\,2}} \cdot \frac{\frac{d_A}{\varrho}}{\frac{d_A}{\varrho} + f} \cdot v \cdot L \ldots \text{III.}$$

Um die Gegenwirkung des Ankers in der Formel für die gesammte elektromotorische Kraft einer Dynamomaschine zu berücksichtigen, stellen wir folgende Betrachtung an.

Nach der im Eingangscapitel dargelegten Methode betrachten wir wiederum die Wirkung eines magnetischen Kreisstromes auf einen bewegten Leiter, wie in Fig. 95 gezeichnet.

Wird der Leiter in Richtung der Pfeile v bewegt, so entsteht, wie wir gefunden haben, in Folge der den Geschwindigkeiten $(r - v)$ und $(r + v)$ entsprechenden elektromotorischen Kräfte ein elektrischer Strom, der in Richtung der gefiederten Pfeile verläuft. Wir zeichnen der Deutlichkeit wegen die gefiederten Pfeile, welche die Stromgeschwindigkeit $J \, 10^{-1}$ in dem Leiter bedeuten, rechts und links vom Kreisstrom. Die Geschwindigkeit $J \, 10^{-1}$, welche in dem Leiter erzeugt wird, ist nun ihrerseits wieder die Ursache, dass zwei elektromotorische Kräfte entsprechend

Capitel XI.

$(r - J\,10^{-1})$ und $(r + J\,10^{-1})$

auftreten.

Die elektromotorische Kraft, welche der Differenz der Quadrate beider entspricht, ist

$$e = (r + J\,10^{-1})^2 - (r - J\,10^{-1})^2 = 4\,J\,10^{-1}\,r.$$

Diese elektromotorische Kraft erzeugt einen der Geschwindigkeit v entgegengerichteten Strom (siehe die zweispitzigen Pfeile).

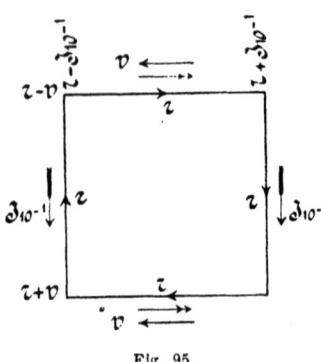

Fig. 95.

Nach Massgabe der Formel für e ist diese Stromgeschwindigkeit

$$J\,10^{-1}.$$

Diese Geschwindigkeit wirkt der Geschwindigkeit v der Bewegung des Leiters entgegen; bei Berechnung einer elektromotorischen Kraft, die in einem bewegten Leiter entsteht, ist also nicht die Geschwindigkeit v seiner Bewegung allein massgebend, sondern die Differenz:

$$v - J\,10^{-1}$$

Wir kommen nun auf unsere allgemeine Formel III zurück, wonach ist:

$$E = \frac{4\,R.\,v.\,L}{10^8}.$$

Diese Formel gilt nur für den Anfangszustand; sobald in Folge der elektromotorischen Kraft E im Leiter ein Strom erzeugt ist, wird E sofort beeinflusst und gilt dann die Gleichung:

Anwendung der Theorie des Magnetismus.

$$E = \frac{4RL.(v - J\,10^{-1})}{10^8},$$

wenn J der durch die elektromotorische Kraft E im Leiter von der Länge L erzeugte Strom (in Ampère) ist.

Nennen wir den Ankerstrom einer Dynamomaschine J_a, so wird die allgemeine Formel für die elektromotorische Kraft der Maschine lauten:

$$E = \frac{4RL.(v - J_a\,10^{-1})}{10^8}$$

oder

$$E = \frac{1}{10^8} \cdot \mathfrak{W} \cdot J\,10^{-1}\left(1 - \frac{\alpha}{90}\right) \cdot \frac{d_m^2}{d_A^2} \cdot \frac{\frac{d_A}{\varrho}}{\frac{d_A}{\varrho} + f} \cdot L \cdot (v - J_a\,10^{-1}) \cdot \text{IV}.$$

Diese Formel IV gilt ganz allgemein für alle Gleichstrom-Dynamomaschinen.

Indem wir jetzt den im Capitel „Classification der Dynamomaschinen" gegebenen Auseinandersetzungen folgen, können wir ohne Weiteres für die drei verschiedenen Dynamomaschinen, für die Hauptstrom-, Nebenschluss- und Compound-Maschinen die Gleichungen der elektromotorischen Kraft ermitteln.

1. Die Hauptstrom-Dynamomaschinen.

Bei den Hauptstrom-Dynamomaschinen geht der ganze Ankerstrom durch die Schenkelwindungen, welche wir wie früher $\mathfrak{W}_s$ nennen wollen, mithin ist $J_s = J_a =$ Schenkel = Ankerstrom und diese Bezeichnungen in Gleichung IV eingeführt, erhalten wir die gesammte elektromotorische Kraft der Hauptstrom- oder Serienmaschine nach Gleichung V:

$$E = \frac{1}{10^8} \cdot 4\mathfrak{W}_s\,J_a\,10^{-1}\left(1 - \frac{\alpha}{90}\right) \cdot \frac{d_m^2}{d_A^2} \cdot \frac{\frac{d_A}{\varrho}}{\frac{d_A}{\varrho} + f} \cdot L \cdot (v - J_a\,10^{-1}) \cdot \text{V}$$

und

$$\operatorname{tg} \alpha = \frac{\mathfrak{W}_s\,J_a\,10^{-1}}{a^2 \cdot 32}.$$

2. Die Nebenschluss-Dynamomaschinen.

Bei der Nebenschluss-Dynamomaschine wird nur ein Theil (I_{sn}) des Ankerstromes (den wir wieder mit J_a bezeichnen) durch die Nebenschlusswindungen der Elektromagneten, die wir $\mathfrak{W}_{sn}$ nennen, geführt, deshalb ist nur das Product $\mathfrak{W}_{sn} J_{sn} 10^{-1}$ massgebend.

Unter Berücksichtigung dieser Bezeichnungen lautet die Gleichung für die elektromotorische Kraft der Nebenschlussmaschinen:

$$E = \frac{1}{10^8} \cdot 4 \mathfrak{W}_{sn} J_{sn} 10^{-1} \cdot \left(1 - \frac{\alpha}{90}\right) \cdot \frac{d_m^2}{d_A^2} \cdot \frac{\frac{d_A}{\varrho}}{\frac{d_A}{\varrho} + f} \cdot L \cdot (v - J_a 10^{-1}) . \text{VI}$$

und

$$\operatorname{tg} \alpha = \frac{\mathfrak{W}_{sn} J_{sn} 10^{-1}}{a^2 \, 32}.$$

3. Die Compound-Dynamomaschinen.

Bei den Maschinen mit gemischter Wicklung, wo wir sowohl Hauptstromschenkelwindungen $\mathfrak{W}_s$ und deren Strom J_s, sowie Nebenschlussschenkelwindungen $\mathfrak{W}_{sn}$ und den Nebenschlussstrom J_{sn}, als auch schliesslich noch den Ankerstrom J_a zu unterscheiden haben, lautet die Gleichung für die elektromotorische Kraft:

$$E = \ldots \ldots \ldots \text{VII}$$

$$\frac{1}{10^8} 4 \left(\mathfrak{W}_{sn} J_{sn} 10^{-1} + \mathfrak{W}_s J_s 10^{-1}\right) \left(1 - \frac{\alpha}{90}\right) \frac{d_m^2}{d_A^2} \frac{\frac{d_A}{\varrho}}{\frac{d_A}{\varrho} + f} L(v - J_a 10^{-1})$$

und

$$\operatorname{tg} \alpha = \frac{\mathfrak{W}_{sn} J_{sn} 10^{-1} + \mathfrak{W}_s J_s 10^{-1}}{a^2 \, 32}.$$

Capitel XII.
Practische Beispiele.

Nachdem am Schluss des vorigen Capitels die Specialisirung der allgemein gültigen Formel für die 3 verschiedenen Maschinentypen durchgeführt worden sind, sollen nun zur Illustrirung der gegebenen theoretischen Betrachtungen einige practische Beispiele gerechnet werden.

Hierbei wird die Verwendbarkeit der gegebenen Formel für Maschinen verschiedener Bauart dargethan werden, also auch ein practischer Beweis für allgemeine Gültigkeit der Theorie geliefert.

Es sind die gegebenen practischen Beispiele nach den in der Fachliteratur vorhandenen Notizen zusammengestellt.

Aus dem leider zu spärlich gebotenen Material ist nur dasjenige für die folgenden Rechnungen verwerthet, was zuverlässig als richtig angenommen werden durfte. Zur Erläuterung der gegebenen Zahlen sind die berechneten Maschinen in ihren Grundformen mit den Hauptmaassen skizzirt.

Der Gang der Rechnung ist bei allen Beispielen der folgende:

Es ist für jede Maschine einmal R_1 die Geschwindigkeit der magnetischen Kreisströme in dem umhüllten Schenkel ermittelt, ferner unter Berücksichtigung der Polschuh- und Schenkelquerschnitte, sowie des Verlustes durch den Luftraum zwischen Schenkel und Anker die Geschwindigkeit R_2, also hier ein etwas gedrängterer Rechnungsgang befolgt, als im vorigen Capitel bei der Ableitung der Formeln.

Zur Illustration dieser Rechnungsergebnisse sind für einige Beispiele die Kurven für R_1 und R_2, beide in ihrer Abhängigkeit von dem variirenden Schenkelstrom ermittelt und graphisch aufgetragen.

Ehe mit den Beispielen begonnen wird, sollen nochmals die verschiedenen in den Formeln gebrauchten Bezeichnungen angeführt werden. Es ist bezeichnet

  a. Bei Hauptstrommaschinen:
  die elektromotorische Kraft mit E in Volt,
  die Klemmenspannung mit V in Volt,
  die Stromstärke im Anker mit J_a in Amp.,
  die Stromstärke in den Schenkelwindungen $J_s = J_a$ in Amp.,
  die Stromstärke im äusseren Stromkreise $J_u = J_a$ in Amp.,

Capitel XII.

der Widerstand des Ankers mit w_a in Ohm,
der Widerstand der Schenkelwindungen mit w_s in Ohm,
die Zahl der Windungen um 1 Schenkelpaar mit $\mathfrak{W}_s$,
die wirksame Länge des Ankerdrahtes mit L in cm,
die Umfangsgeschwindigkeit des Ankers mit v in cm,
der Abstand zwischen Ankerkern und Polschuh mit f in cm,
der Durchmesser des Schenkelkernes mit d in cm,
der Radius des Schenkelkernes mit a in cm.

 b. Bei Nebenschlussmaschinen treten zu den gegebenen Bezeichnungen hinzu:

die Stromstärke im Nebenschluss J_{sn} in Amp.,
die Nebenschlusswindungen um 1 Schenkelpaar $\mathfrak{W}_{sn}$,
der Widerstand des Nebenschlusses w_{sn} in Ohm.

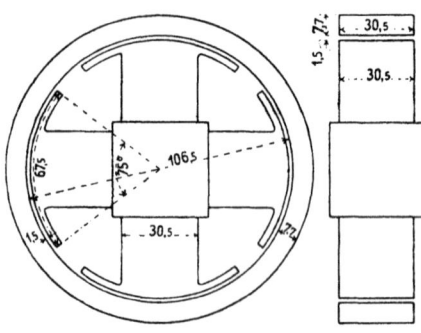

Fig. 96 u. 97.

 c. Bei Compoundmaschinen treten keine neuen Bezeichnungen hinzu, denn dieselben sind als Nebenschlussmaschinen plus Hauptstrommaschinen aufzufassen.

Als Hilfsgrössen haben wir für die Rechnung erhalten:
d_m den mittleren Durchmesser, der einem dem rechteckigen oder quadratischen Schenkelquerschnitt gleich grossen Kreisquerschnitt, entspricht. A den Querschnitt der Polschuhe, d_A den diesem Querschnitte entsprechenden Durchmesser. Den Coefficienten ρ haben wir bei allen Beispielen gleich, nämlich $\rho = 6$ genommen.

 Beispiel 1. Als Beispiel für die vielpoligen Dynamomaschinen wollen wir eine grössere 4 polige Dynamomaschine von Siemens & Halske Mod. J 51 besprechen. Einige Maschinen, nach den unten

Practische Beispiele. 91

angegebenen Verhältnissen gebaut, sind in der elektrischen Centralstation „Mauerstrasse" in Berlin in Betrieb. Der Verfasser verfügt über die nachstehenden Daten aus seiner Thätigkeit als Ober-Ingenieur der Allgemeinen Elektricitätsgesellschaft, in welcher Eigenschaft er seinerseits diese Maschine von den Fabrikanten übernahm. Die Figg. 96—97 geben principielle Skizzen der sogenannten Innenpolmaschine mit 4 Polen und Ringanker, welcher nach dem Schema des Gramme'schen Ringes bewickelt ist. Die Maschine hat dementsprechend 4 Bürsten. Die Schenkel sind zu einem Stern, durch den die Axe des Ringes geht, gruppirt, sie sind mit Polschuhen armirt. Der Kern des Ringes, sowie die Schenkelkerne sind aus Schmiedeeisen, die Pole sowie der mittlere Stern sind aus Gusseisen hergestellt.

Die Maschine ist eine Nebenschlussmaschine und liefert bei ca. 340 Umdrehungen pro Minute 110 Volt Klemmenspannung und 900 Ampère im äusseren Stromkreise.

Alle für die Rechnung erforderlichen Werthe sind nachstehend zusammengestellt.

$E = 110 + 929 \cdot 0{,}00347 = 113$ Volt,
$V = 110$ Volt,
$J_u = 900$ Ampère,
$J_a = 929$ Ampère,
$J_{sn} = 29$ Ampère,
$L = 1900$ cm,
$v = 1680$ cm,
$w_a = 0{,}00347$ Ohm,
$w_{sn} = 3{,}81$ Ohm,
$\mathfrak{W}_{sn} = 1200$,
$f = 1{,}5$,
$\rho = 6$,

Die Form des Schenkelquerschnittes ist quadratisch, nämlich $30{,}5 \times 30{,}5 = 230$ Quadratcentimeter, hierfür setzen wir den Durchmesser der gleichgrossen Kreisfläche, nämlich:

$d_m = 34$ cm, also $a = 17$ cm.

Der Uebergangsquerschnitt der Polschuhe ist:

$67{,}5 \cdot 30{,}5 = 2058$ qcm $= A$;

der entsprechende Durchmesser ist

$d_A = 51$ cm,

Capitel XII.

das Verhältniss der Querschnitte

$$\frac{d_m^2}{d_A^2} = 0{,}45.$$

Da wir für diese Maschine die Kurven für R_1 und R_2 aufzeichnen wollen, geben wir hierfür einzeln die Ansätze, rechnen also nicht direct nach Gleichung VI. Cap. XI.

Zunächst berechnen wir R_1, die Geschwindigkeit der Kreisströme im umhüllten Schenkeleisen:

$$R_1 = \mathfrak{W}_{sn}\, J_{sn}\, 10^{-1}\left(1 - \frac{\alpha}{90}\right) =$$

$$\frac{1200 \cdot 29}{10}\left(1 - \frac{\alpha}{90}\right) = 3480 \cdot \left(1 - \frac{\alpha}{90}\right).$$

Wir finden nun:

$$\operatorname{tg}\alpha = \frac{\mathfrak{W}_{sn}\, J_{sn}\, 10^{-1}}{a^2\, 32} = \frac{3480}{17^2 \cdot 32} = 0{,}376.$$

Der zugehörige Winkel ist

$$\alpha = 20{,}5^{\circ},$$

der Coefficient:

$$1 - \frac{\alpha}{90} = 0{,}77,$$

mithin:

$$R_1 = 3480 \cdot 0{,}77 = 2679{,}6 = \operatorname{cr} 2680.$$

Diese Geschwindigkeit wird beeinträchtigt durch die Querschnittsverhältnisse zwischen dem umhüllten Schenkel mit dem Polschuh und den Luftwiderstand.

$$\frac{d_m^2}{d_A^2} = 0{,}45,$$

und da $\varrho = 6$, ist:

$$\frac{\dfrac{d_A}{\varrho}}{\dfrac{d_A}{\varrho} + f} = \frac{\dfrac{51}{6}}{\dfrac{51}{6} + 1{,}5} = \frac{8{,}5}{10} = 0{,}85,$$

mithin:

$$R_2 = 2680 \cdot 0{,}45 \cdot 0{,}85 = \operatorname{cr} 1200 \cdot 0{,}85 = 1020, \text{ dafür } 1000.$$

Somit schliesslich mit Berücksichtigung der Gegenwirkung des Ankers

$$E = \frac{4 \cdot R_2 \cdot L \cdot \left(v - J_a\, 10^{-1}\right)}{10^8} =$$

$$\frac{4 \cdot 1000 \cdot 1900 \cdot (1680 - 92{,}9)}{10^8} = 4000 \cdot 0{,}031 = 120 \text{ Volt.}$$

Practische Beispiele. 93

Wir sehen also aus dem Schlussresultat, dass wir die Verhältnisse der Maschine im Allgemeinen etwas zu günstig angenommen haben, die berechnete elektromotorische Kraft ist etwas grösser, als die thatsächliche. Zur Illustration der magnetischen Verhältnisse der besprochenen Maschine haben wir unter Zugrundelegung der obigen Daten die Kurve für R_1, die Geschwindigkeit der Kreisströme im umhüllten Schenkeleisen, für verschiedene Werthe von J_{sn} berechnet und die Resultate der angefügten Tabelle I und in Fig. 98 graphisch dargestellt.

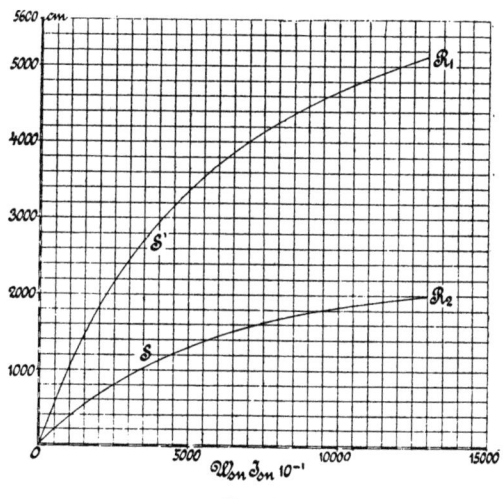

Fig. 98.

Ebenso haben wir für dieselben Werthe von J_{sn} die Geschwindigkeit R_2, welche hier die thatsächlich auf den Anker wirksame Geschwindigkeit ist, ermittelt; siehe Tabelle und Kurven R_1 und R_2 in Fig. 98.

Tabelle I.
Nebenschlussmaschine von Siemens & Halske. (Mod. J 51.)

J_{sn}	$\mathfrak{W}_{sn}.J_{sn}.10^{-1}$	tg α	α	$1-\dfrac{\alpha}{90}$	R_1	R_2	E
5	600	0,06488	3,7°	0,9589	575	230	
10	1200	0,12976	7,4°	0,9178	1100	420	
15	1800	0,19464	11,17°	0,877	1568	605	
20	2400	0,25952	14,55°	0,838	2000	765	
30	3600	0,38928	21,27°	0,764	2750	1052	127
50	6000	0,6488	33,99°	0,622	3734	1428	
100	12000	1,2976	52,38°	0,418	5016	1919	
200	24000	2,5952	68,93°	0,234	5620	2150	

94 Capitel XII.

Aus den beiden Kurven R_1 und R_2 geht die vollständige Uebereinstimmung unserer Theorie mit den practischen Verhältnissen hervor. Da die Maschine bei normaler Leistung 29 Ampère im Nebenschluss erfordert, so werden die Kurven R_1 und R_2 nur bis zu den Punkten S und S_1 benutzt.

Die Kurve der elektromotorischen Kraft, sowie die Kurve, welche den Verlauf der Klemmenspannung illustrirt, können wir leicht aus den gegebenen Daten berechnen, indem wir dieselbe nur mit dem constanten Factor

$$\frac{4 \cdot L \left(v - J_a \, 10^{-1} \right)}{10^8}$$

multipliciren, bezw. dann den Verlust an elektromotorischer Kraft im Anker $J_a w_a$ abziehen.

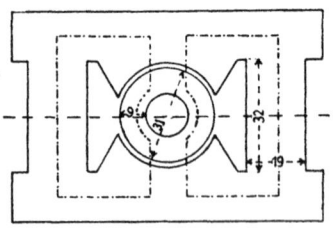

Fig. 99.

Als weiteres Beispiel wollen wir eine Compound-Dynamomaschine von Mather & Platt besprechen, die näheren Angaben über diese Maschine entnehmen wir dem Handbuch des Professors E. Kittler, wo die Maschine auf Seite 531 abgebildet und beschrieben ist.

Die von Professor Kittler angegebene Daten hat Gisbert Kapp zuerst veröffentlicht; wie die untenstehende Rechnung beweist, entsprechen dieselben den thatsächlichen Verhältnissen. Das Gestell dieser Maschine, welche zweipolig ist, haben wir bereits in Capitel V Fig. 43 gegeben, wir wiederholen hier die Principskizze mit den Hauptmaassen in Fig. 99 und fügen hinzu, dass die Schenkelkerne aus Schmiedeeisen, die verbindenden Polstücke aus Gusseisen hergestellt sind.

Die Maschine hat zwei geschlossene magnetische Kreise, wir haben bei der Berechnung nur einen Kreis zu berücksichtigen, also

Practische Beispiele.

hier unter $\mathfrak{W}_{sn}$ die Nebenschlusswindungen nur eines Schenkels zu verstehen, unter $\mathfrak{W}_s$ die Hauptstromwindungen ebenfalls nur eines Schenkels. Jeder magnetische Kreis wird geschlossen durch einen Schenkel und je zwei halbe Polstücke.

Die nothwendigen Daten stellen wir wiederum wie folgt zusammen:

$E = 110 + 5{,}19 + 2{,}64 = 117{,}83$ Volt,
$V = 110$ Volt,
$J_u = J_s = 220$ Ampère,
$J_a = 225{,}8$ Ampère,
$J_{sn} = 5{,}8$ Ampère,
$L = 120 \cdot 31 \cdot 0{,}8 = 2970$ cm,
$v = \dfrac{32 \cdot \pi \, 1050}{60} = 1750$ cm,
$w_a = 0{,}023$ Ohm,
$w_{sn} = 19{,}4$
$w_s = 0{,}012$ Ohm,
$\mathfrak{W}_{sn} = 1680$ (pro 1 Schenkel),
$\mathfrak{W}_s = 42$ (pro 1 Schenkel),
$d_m = d = 19$ cm, $a = 9{,}5$ cm,
$f = 1{,}2$ cm,
$\rho = 6$
$d_A = 24{,}5$ (entsprechend: $15 \cdot 31 = 465$ qcm).

Von dieser Maschine wurden nicht nur die beiden Geschwindigkeiten R_1 und R_2 ermittelt, sondern zugleich eine Untersuchung angestellt, ob die Maschine auch bei den gegebenen Wicklungsverhältnissen eine Gleichspannungsmaschine ist.

Wir haben zunächst wieder den Ansatz für R_1 wie folgt:

$$R_1 = \left(\mathfrak{W}_{sn} J_{sn} 10^{-1} + \mathfrak{W}_s J_s 10^{-1}\right) \cdot \left(1 - \dfrac{\alpha}{90}\right)$$

$$\mathfrak{W}_{sn} J_{sn} 10^{-1} = \dfrac{1680 \cdot 5{,}8}{10} = 974{,}4 = cr\ 975,$$

$$\mathfrak{W}_s J 10^{-1} = \dfrac{42 \cdot 220}{10} = 924,$$

$$R_1 = 975 + 924\left(1 - \dfrac{\alpha}{90}\right) = 1899\left(1 - \dfrac{\alpha}{90}\right),$$

$$\operatorname{tg} \alpha = \dfrac{\mathfrak{W}_{sn} J_{sn} 10^{-1} + \mathfrak{W}_s J_s 10^{-1}}{a^2 \cdot 32} = \dfrac{1899}{9{,}5^2 \cdot 32} = \dfrac{1899}{2880} = 0{,}657,$$

Capitel XII.

$$\alpha = 33{,}3°$$

$$1 - \frac{\alpha}{90} = 0{,}63$$

$$R_1 = 1899 \cdot 0{,}63 = 1196.$$

Den Geschwindigkeits-Verlust durch den Luftübergang und die Verminderung durch die Querschnittserweiterung in den Polschuhen finden wir in diesem Falle wie folgt:

$$\frac{d_m^2}{d_A^2} = \frac{19^2}{24{,}5^2} = \frac{361}{600} = 0{,}61$$

und $\rho = 6$, also

$$\frac{\dfrac{d_A}{\rho}}{\dfrac{d_A}{\rho} + f} = \frac{\dfrac{24{,}5}{6}}{\dfrac{24{,}5}{6} + 1{,}2} = \frac{4{,}1}{5{,}3} = 0{,}77$$

$$R_2 = 1196 \cdot 0{,}61 \cdot 0{,}77 = 729 \cdot 0{,}77 = 560.$$

Die gesammte elektromotorische Kraft:

$$E = \frac{4 \cdot 560 \cdot 2970 \cdot (1750 - 22{,}6)}{10^8}$$

$$= cr \frac{2240 \cdot 2970}{10^8} \cdot 1727 = 114{,}1 \text{ Volt.}$$

Der berechnete Werth differirt um 3 Volt von dem in unserer Quelle angegebenen Werthe.

Die Kurven für die magnetischen Kreisstromgeschwindigkeiten R_1 und R_2 sind, wie erwähnt, für diese Maschine nicht graphisch dargestellt.

Um zu ermitteln, ob die Maschine thatsächlich eine Gleichspannungsmaschine ist, wurden für verschiedene Werthe von J_u (Stromstärke im äusseren Kreis, hier $= J_s$) unter Annahme eines gleichen Productes $\mathfrak{W}_{sn} J_{sn} 10^{-1}$, also immer constanten Nebenschlussstromes, die Geschwindigkeit im umhüllten Schenkel, sowie die auf den Anker wirksame Geschwindigkeit ermittelt.

Ferner aus diesen die elektromotorischen Kräfte E resp. E_1 mit und ohne Gegenwirkung des Ankers, sowie schliesslich die Klemmenspannung V ermittelt. Die Resultate dieser Rechnungen geben wir in nachfolgender Tabelle II.

Practische Beispiele.

Tabelle II.
Mather & Platt, Compoundmaschine.

$\mathfrak{B}_{sn} \cdot J_m \cdot 10^{-1}$	J_s	$\mathfrak{B}_s \cdot J_s \cdot 10^{-1}$	$\mathfrak{B}_{sn} \cdot J_m \cdot 10^{-1} + \mathfrak{B} \cdot J_s \cdot 10^{-1}$	$\operatorname{tg}\alpha$	α	$1 - \frac{\alpha}{90}$	R_1	R_2	E	E_1	V
975	20	84	1058	0,366	20,1°	0,777	822	381	79	78,9	78
	50	210	1184	0,41	22,3°	0,752	890	413	86	85,7	83,8
	100	420	1394	0,483	25,78°	0,714	995	462	96,3	95,7	92,2
	200	840	1814	0,628	32,13°	0,643	1166	541	112	110,8	103,7
	220	924	1899	0,657	33,3°	0,63	1196	560	115,4	114,1	106
	300	1260	2234	0,774	37,75°	0,581	1298	602	125	122,8	112,2
	500	2100	3074	1,0644	46,78°	0,48	1475	684	142	137,9	120,3
	1000	4200	5174	1,793	60,85°	0,324	1676	775	161	152	117
	2000	8400	9374	3,246	72,88°	0,19	1781	826	172	152	82

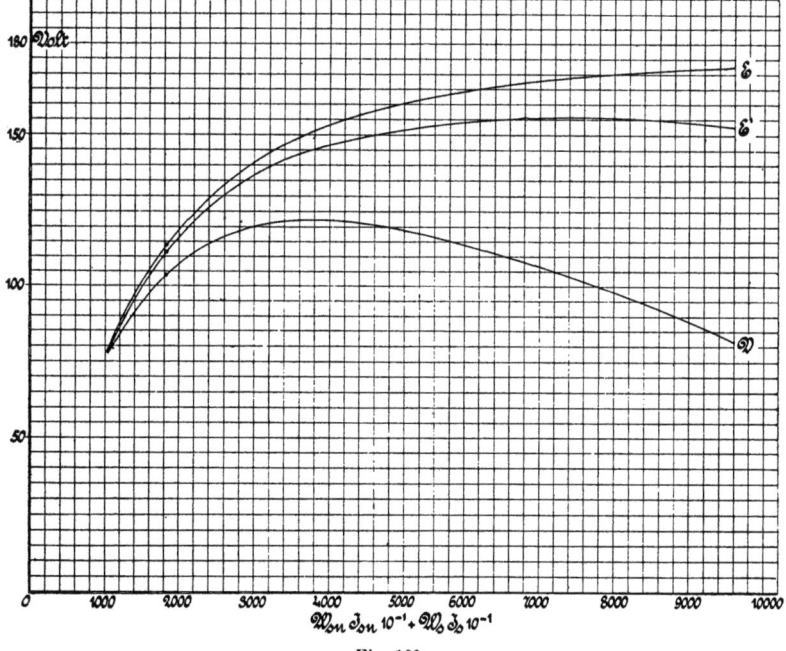

Fig. 100.

Aus den in Fig. 100 graphisch dargestellten Resultaten ersehen wir, dass die constante Klemmenspannung durch die Compoundwicklung nicht erreicht ist.

Fritsche, Gleichstrom-Dynamomaschine.

Capitel XII.

Die Zahl der Hauptstromwindungen ist zu gross, so dass bei 220 und 200 Ampère ein Spannungsunterschied von 3 Volt eintritt. Soll die Maschine in einigermassen weiten Grenzen gleiche Klemmenspannung geben, so muss die Zahl der Hauptstromwindungen verringert werden.

Beispiel 3. Interessante und wie wir annehmen auch richtige Daten stehen uns über eine Lahmeyer-Compoundmaschine von Professor W. Kohlrausch-Hannover, aus dessen im Centralblatt für Elektrotechnik Jahrgang 1887, Heft 17, pag. 411 erschienenen Artikel: Beobachtungen zur Theorie der Dynamomaschinen, „die Lahmeyer-Maschine" zur Verfügung.

Der Typus der Lahmeyer-Maschine dürfte allgemein bekannt sein; wir geben von dem ganz aus Gusseisen hergestellten Gestell

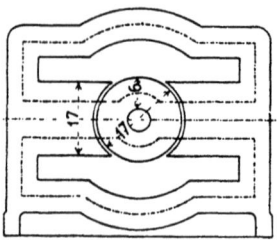

Fig. 101.

derselben die Skizze Fig. 101 mit den für die Rechnung nöthigen Maassangaben.

Es sind gegeben:

$E = 65 + 63 \cdot 0{,}112 + 63 \cdot 0{,}02 = 73{,}31$ Volt,

$V = 65$ Volt,

$J_u = 60$ Ampère,

$J_a = J_s = 63$ Ampère,

$J_{su} = 3{,}1$ Ampère,

$L = 2200$ cm,

$v = 1306$ cm ($n = 1400$),

$w_{su} = 21$ Ohm,

$w_s = 0{,}02$ Ohm,

$w_a = 0{,}112$ Ohm,

$\mathfrak{W}_{su} = 2000$,

$\mathfrak{W}_s = 25$,

$f = 0{,}5$ cm.

Practische Beispiele.

Da die Drahtlagen nebeneinander liegen, ergiebt sich dieser geringe Abstand.

Angenommen bez. berechnet:
$d_m = 25$ (Querschnitt $17 \times 30 = 510$),
$a = 12,5$,
$\rho = 6$,
$d_A = d_m$.

Nach der allgemeinen Formel ist die Geschwindigkeit im umhüllten Eisenkörper

$$R_1 = (\mathfrak{W}_{sn} J_{sn} 10^{-1} + \mathfrak{W}_s J_s 10^{-1})\left(1 - \frac{\alpha}{90}\right)$$

$$\mathfrak{W}_{sn} J_{sn} 10^{-1} = \frac{2000 \cdot 3,1}{10} = 620$$

$$\mathfrak{W}_s J_s = \frac{25 \cdot 63}{10} = 150$$

$$R_1 = 770 \left(1 - \frac{\alpha}{90}\right)$$

$$\operatorname{tg} \alpha = \frac{770}{12,5^2 \cdot 32} = \frac{770}{4680} = 0,164$$

$$\alpha = 9,3^0$$

$$1 - \frac{\alpha}{90} = 0,896$$

mithin:
$$R_1 = 770 \cdot 0,894 = 688 = \operatorname{cr} 690.$$

Bei dieser Maschine entsteht durch Querschnittsänderung vom Schenkel auf Polschuh kein Verlust, wir haben es nur mit dem Luftwiderstand zu thun, der in Folge der geringen Entfernung zwischen Polen und Anker nur unbedeutend ist:

$$R_2 = \frac{\dfrac{d_m}{\varrho}}{\dfrac{d_m}{\varrho} + f} \cdot R_1$$

$$R_2 = \frac{\dfrac{25}{6}}{\dfrac{25}{6} + 0,5} \cdot 690 = 624$$

Wir haben es also bei dieser Maschine mit geringen Verlusten zu thun.

Capitel XII.

$$10^8 \, E = 4 \, R_2 \cdot L \left(v - J_a \, 10^{-1} \right)$$

$$E = \frac{4 \cdot 624 \cdot 2200 \left(1306 - \frac{60}{10} \right)}{10^8}$$

$$E = 2484 \cdot \frac{2200 \cdot 1300}{10^8} =$$
$$70{,}8 \text{ Volt.}$$

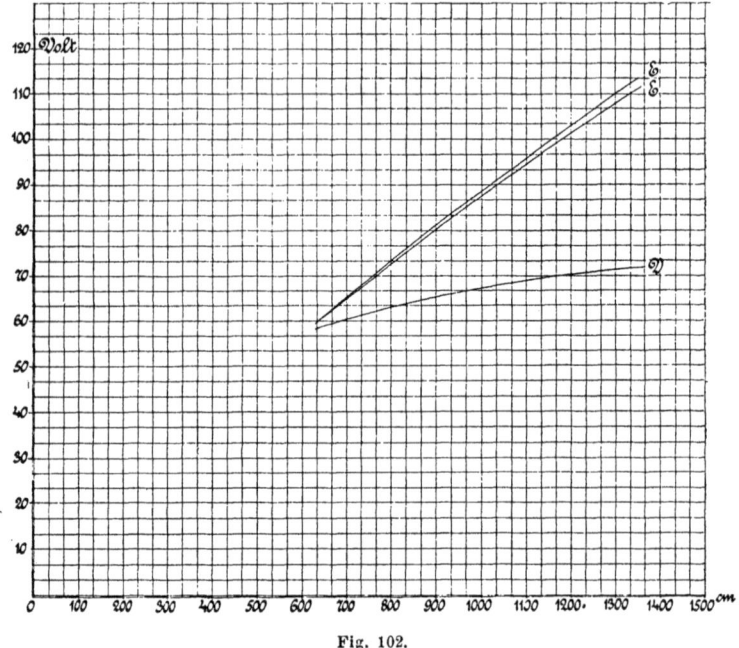

Fig. 102.

Diese berechnete elektromotorische Kraft ist etwas geringer, als die in den zur Verfügung stehenden Notizen angegebene; es mag diese Differenz in nicht richtiger Wahl der Coefficienten begründet sein, vielleicht ist bei der Maschine auch die wirksame Ankerdrahtlänge eine grössere als angenommen.

Auch für diese Maschine ist die Untersuchung, ob sie thatsächlich eine Gleichspannungsmaschine ist, durchgeführt und zwar unter derselben Annahme, wie sie bei der Mather & Platt-Maschine gemacht wurden. In Tabelle III sind alle Daten wie oben notirt:

Practische Beispiele.

Tabelle III.
Lahmeyer, Compoundmaschine.

$\mathfrak{M}_m \cdot J_{sn} \cdot 10^{-1}$	J_s	$\mathfrak{M}_s \cdot J_s \cdot 10^{-1}$	$\mathfrak{M}_{sn} \cdot J_{sn} + \mathfrak{M}_s \cdot J_s \cdot 10^{-1}$	$tg\alpha$	α	$1-\frac{\alpha}{90}$	R_1	R_2	E	E_1	V
620	10	25	645	0,138	7,867	0,9126	589	525	60,4	60,3	58,6
	30	75	695	0,148	8,417	0,9065	630	562	64,6	64,4	60
	50	125	745	0,159	9,033	0,8996	670	598	68,8	68,6	61,7
	60	150	770	0,164	9,318	0,8965	690	624	70,8	70,5	62,3
	70	175	795	0,170	9,65	0,8928	710	634	73	72,6	63
	90	225	845	0,180	10,2	0,8867	749	669	77	76,5	64,3
	150	375	995	0,212	11,967	0,867	863	771	88,7	87,3	67,2
	300	750	1370	0,292	16,28	0,819	1122	1002	115	112,3	72,3

Die Kurven für R_1 und R_2 sind nicht aufgetragen, dagegen in Fig. 102 die Kurve für E, die elektromotorische Kraft ohne Abzug der Gegenwirkung des Ankers und E_1, diejenige mit Berücksichtigung derselben.

Die Kurve der Klemmenspannung ist ebenfalls gezeichnet.

Die letztere Kurve zeigt deutlich, dass die besprochene Maschine innerhalb der für die Praxis in Frage kommenden Grenzen eine Compoundmaschine ist, dass also die Hauptstromwindungen in richtigem Verhältniss zu den Nebenschlusswindungen stehen.

Beispiel 4. Ueber eine Edison-Hopkinson-Dynamomaschine giebt Dr. C. Baur in der Elektrotechnischen Zeitschrift 1887 (August-Heft) genügende Daten, um auch für diese Maschine eine genauere Nachrechnung aufstellen zu können.

Wir beschreiben zunächst unter Hinweis auf unsere Figg. 103 u. 104 die Dynamomaschine nach Dr. C. Baur:

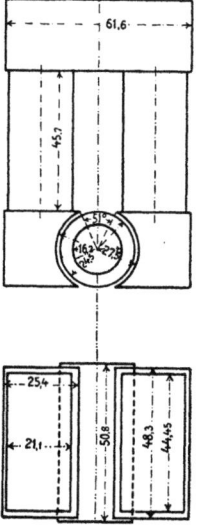

Fig. 103 u. 104.

Die Hopkinson-Dynamomaschine ist eine reine Nebenschlussmaschine; sie hat einen einfachen magnetischen Kreis, bestehend aus zwei verticalen Schenkeln, die in Polstücken endigen und durch ein Joch von rechteckigem Querschnitt verbunden sind. Die Schenkel sind jeder aus einem Stück Schmiedeeisen hergestellt, ebenso das Joch. Das Eisen ist aus Abfällen zusammengeschmiedet und sorgfältig ausgeglüht.

Capitel XII.

Eine an die eiserne Bodenplatte der Maschine geschraubte Zinkplatte (in Fig. 103 nicht gezeichnet) trägt die Polstücke. Die am angegebenen Orte notirten Abmessungen sind in die Zeichnung eingetragen, und alle für unsere Rechnung nöthigen Daten nachstehend zusammengestellt.

Gegeben:

$E = 105 + 326 \cdot 0{,}01 = 108{,}26$ Volt,
$V = 105$ Volt,
$J_u = 320$ Ampère,
$J_a = 326$ Ampère,
$J_{sn} = \dfrac{105}{16{,}93} = 6{,}2$ Ampère,
$L = cr\ 1640$ cm,
$v = 1232$ cm,
$w_a = 0{,}010$ Ohm,
$w_{sn} = 16{,}93$ Ohm,
$\mathfrak{W}_{sn} = 3260$,
$f = 1$ cm.

Angenommen bezw. berechnet:

$d_m = 34$ (Querschnittfläche $44 \cdot 45 = 211$),
$a = 17$
$\rho = 6$.

Berechnen wir zunächst R_1.

$$R_1 = \mathfrak{W}_{sn} \cdot J_{sn}\, 10^{-1} \left(1 - \frac{\alpha}{90}\right)$$

$$\mathfrak{W}_{sn}\, J_{sn}\, 10^{-1} = \frac{3260}{10} \cdot 6{,}2 = 2020$$

$$\operatorname{tg} \alpha = \frac{\mathfrak{W}_{sn}\, J_{sn}\, 10^{-1}}{a^2 \cdot 32} = \frac{2020}{17^2 \cdot 32} = 0{,}218$$

$\alpha = 12{,}30^0$

$1 - \dfrac{\alpha}{90} = 0{,}863$

$R_1 = 2020 \cdot 0{,}893 = cr\ 1745$.

Da die Polschuhe in diesem Falle fast denselben Uebergangsquerschnitt bieten, als der Schenkelquerschnitt ist, vernachlässigen wir den etwaigen geringen Verlust und finden dann:

Practische Beispiele. 103

Mithin
$$R_2 = \frac{\frac{d_m}{6}}{\frac{d_m}{6} + f} R_1 = \frac{\frac{34}{6}}{\frac{34}{6} + 1} \cdot 1745$$

$$R_2 = 1745 \cdot 0{,}85 = 1480.$$

$$E = \frac{4 \cdot 1480 \cdot 1640 \, (1232 - 32)}{10^8}$$

$$= \frac{5920 \cdot 1680 \cdot 1200}{10^8} = 116{,}5\,\text{Volt}.$$

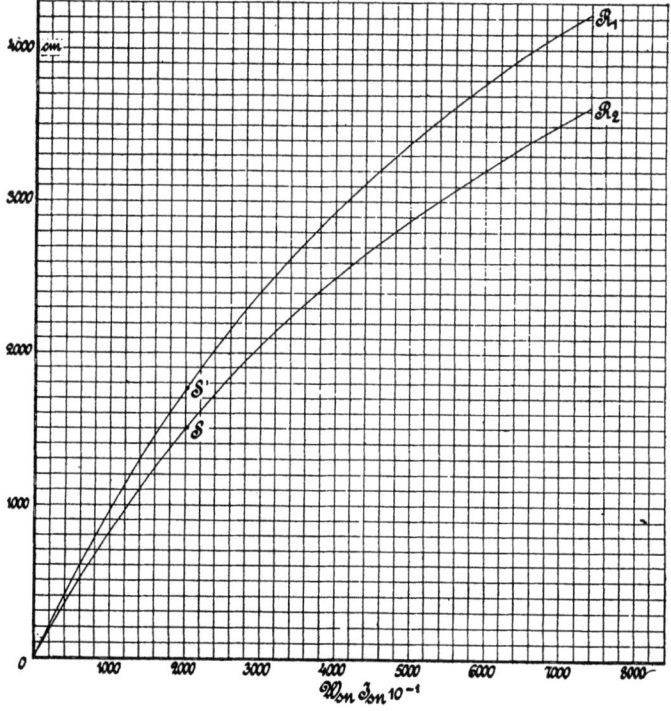

Fig. 105.

Diese elektromotorische Kraft ist etwas grösser, als die aus den Beobachtungen ermittelte, es finden also doch wahrscheinlich noch Uebergangsverluste durch Vergrösserung der Polschuhquerschnitte gegenüber den Schenkelquerschnitten statt.

Zur Illustration der Rechnung haben wir wiederum die Geschwindigkeiten R_1 und R_2 für verschiedene Producte $\mathfrak{W}_{sn} J_{sn}$ berechnet, welche in Tabelle IV zusammengestellt sind.

Tabelle IV.
Edison-Hopkinson, Nebenschlussmaschine.

J_{sn}	$\mathfrak{W}_{sn}\cdot J_{sn}\cdot 10^{-1}$	tg α	α	$1-\frac{\alpha}{90}$	R_1	R_2	E
1	326	0,0035	2,1°	0,977	319	271	
3	978	0,105	6,0°	0,933	910	773	
5	1630	0,175	9,93°	0,890	1451	1233	
6,2	2020	0,218	12,3°	0,863	1745	1480	117
10	3260	0,350	19,3°	0,786	2562	2178	
20	6520	0,701	35,3°	0,607	3958	3364	

Die graphische Darstellung dieser Resultate giebt die Fig. 105.

MIX
Papier aus verantwortungsvollen Quellen
Paper from responsible sources
FSC® C105338

If you have any concerns about our products,
you can contact us on
ProductSafety@springernature.com

In case Publisher is established outside the EU,
the EU authorized representative is:
Springer Nature Customer Service Center GmbH
Europaplatz 3, 69115 Heidelberg, Germany

Printed by Libri Plureos GmbH
in Hamburg, Germany